巧克力简史

燕巧工坊 著

清華大學出版社
北京

图书在版编目(CIP)数据

巧克力简史 / 燕巧工坊著 . —北京：清华大学出版社，2020.6
ISBN 978-7-302-55344-1

Ⅰ . ①巧…　Ⅱ . ①燕…　Ⅲ . ①巧克力糖－历史－世界　Ⅳ . ① TS246.5-091

中国版本图书馆 CIP 数据核字（2020）第 062830 号

责任编辑：顾　强
封面设计：李伯骥
版式设计：方加青
责任校对：王荣静
责任印制：宋　林

出版发行：清华大学出版社
网　　址：http://www.tup.com.cn，http://www.wqbook.com
地　　址：北京清华大学学研大厦 A 座　**邮　　编：**100084
社 总 机：010-62770175　**邮　　购：**010-62786544
投稿与读者服务：010-62776969，c-service@tup.tsinghua.edu.cn
质 量 反 馈：010-62772015，zhiliang@tup.tsinghua.edu.cn
印 装 者：大厂回族自治县彩虹印刷有限公司
经　　销：全国新华书店
开　　本：125mm×185mm　**印　　张：**5.875　**字　　数：**89 千字
版　　次：2020 年 6 月第 1 版　**印　　次：**2020 年 6 月第 1 次印刷
定　　价：49.00 元

产品编号：087399-01

推 荐 序

巧克力不仅是众多美食的“灵魂”，还被视为爱与幸福的象征，可以说是世界上最受欢迎的食物之一。其貌不扬的可可豆，如何带来“只融在口，不融在手”的丝滑享受？原本只是在亚马孙盆地安静生长的可可树，如何在全世界热带地区安家落户？旧时被视为“仙露琼浆”、只有皇室和精英可以享用的巧克力饮料，又如何变身琳琅满目的巧克力系列产品，“飞入寻常百姓家”？一部巧克力简史，为我们研究科技发展史、世界贸易史、商业文明史甚至人类文明进步史，提供了别样的观察视角。

一群燕园学子，在北京大学经济学院的课堂上，探寻巧克力的前世今生，洞察商业演进的内在奥秘，形成了这样一本《巧克力简史》。这本小书，让我感到惊喜，也对“以学生成长为中心”的教学改革更具信心。

以学生成长为中心，就是要激发学生学习的主动性。燕巧工坊的同学们，起初可能只是为了完成一项课程任务。但是在研究行业的过程中，在兴趣的感召和老师的指引下抽丝剥茧、层层深入，不断拓展研究的视域和深度。也正因为此，他们学会了查找自己并不熟悉领域的可靠资料，学会在林林总总的信息中进行甄别，学会了认真和沉潜。同学们的文字可能不是非常老练，但研究系统而深入，读起来如巧克力一般顺滑。

以学生成长为中心，就是要全面提升学生的学习和发展能力。大学的教育，不能以求职就业为衡量标准。除了掌握学科基础知识、理解学科前沿，我们更希望学生拥有自主求真的信念和技能，积累贯通古今的经验和智慧，树立经世济民的情怀和担当。史论的训练非常有利于实现这样的目标。社会构成和演进的线索和法则，是隐藏在历史之中的；人群行为的范式和特征，是由传统塑造的。我们发现问题、思考问题、解决问题，都需要诉诸历史。这也是北大经济学院一贯重视将史论训练融入教学体系的原因。没有任何功利的目的，燕巧工坊的 29 名同学精诚合作，在历史长河中汲取营养，自然会收获更多的成长。

电影《阿甘正传》中有一句经典的台词：“生活就像一盒巧克力，你永远不知道下一颗是什么滋味”。我想，心怀热爱、理性思考、求真逐梦的年轻人，有能力享受自己的人生历程，也能够在未来收获更多惊喜。

是以为序。

锁凌燕

北京大学经济学院副院长

2020 年 4 月 12 日于北京

目　　录

第一站　原点：可可　/　1

1.1　神食之树　/　2
1.2　可可树与可可豆　/　4
1.3　从可可豆到可可膏　/　9
1.4　从可可膏到巧克力　/　17

第二站　起点：玛雅与阿兹特克　/　21

2.1　远古可可豆　/　22
2.2　作为货币的可可豆　/　25
2.3　神的祭品　/　28
2.4　医疗用途　/　31

第三站　来自海的对面——地理大发现中的巧克力　/　33

3.1　哥伦布的可可缘　/　35
3.2　贵族小众品　/　39

3.3 从美洲到非洲 / 49
3.4 食物还是药物 / 55

第四站 巧克力来到欧洲 / 61

4.1 可可饮料的统治时期 / 62
4.2 压榨出真知的可可粉 / 67
4.3 从可可粉到巧克力 / 73

第五站 美味工业革命——瑞士传统 / 83

5.1 巧克力风云谱 / 86
5.2 巧克力中的元老与新贵 / 100

第六站 巧克力新大陆 / 107

6.1 让巧克力生产者也能吃到巧克力 / 108
6.2 糖衣不仅裹炮弹 / 114
6.3 好时巧克力镇 / 117

第七站 再出发——第三波巧克力浪潮 / 121

7.1 第三波浪潮已经来到 / 122
7.2 得天独厚的比利时 / 127
7.3 跨界创新的美国 / 130

7.4　口味先行的新浪潮　/　134

第八站　巧克力进入中国　/　139

8.1　从绰科拉、炒扣来到朱古力　/　141
8.2　巧克力之战　/　148
8.3　金帝巧克力的成与败　/　157
8.4　高端化与第三波浪潮在中国并行　/　161

后记　/　170

参考文献　/　175

第一站

原点：可可

海鸟在我的树根边筑巢，注视着我纤细身躯上的角质果实。

——《可可树》查尔斯·史多德（Charles Stoddard，1843—1909）

一切起源于一棵细长的，喜欢在阴影下生存的树。没有可可树，可可就无从谈起；没有可可豆，巧克力就无从谈起。巧克力的故事和历史，原点是一颗名为可可的种子。

巧克力世界的千变万化与丰富多彩，从中美洲和南美洲的密林就已开始。这里孕育了样貌、习性乃至口感都不尽相同的、种类各异的可可。当圆形或细长，布满瘤结、严密包裹着数十个豆粒的成熟可可荚从高大浓绿的树上落地的那一刻起，巧克力历史的舞台便缓缓拉开了帷幕。从豆荚中剥离，在木箱中闭关修炼，接受阳光和热火的洗礼，再经过仔细的挑选和研磨，棕褐色的传奇第一笔就此写下。它在世界历史上，对经济和文化都产生了不可磨灭的影响。

1.1　神食之树

可可树（学名：Theobroma cacao）是热带常绿植物，1753 年由瑞典科学家卡尔·冯·林奈（Carl von

Linne）命名，意思是“神的食物”，不过历史上并没有解释林奈所说的是什么神。3000 年前，玛雅人开始种植可可树时就开始称其为“cacau”。可可树学名里的从属部分“cacao”源自拉丁语。

可可树学名所用的是林奈所创的双名法，在接下来的两个世纪一直被学界所沿用，但人们在生活中很少使用正式的科学名称。在英语中，人们普遍地把可可树和它未经加工的产物统称为“cacao”。种子经过某种加工后无论成为液体还是固体形态，人们都称之为“chocolate”。而常听到的“cocoa”更精确的意思是“可可粉”，原来指的是 1828 年由昆拉德·范·豪登（Coenraad Van Houten）所发明的脱脂可可粉。可可原材料跟咖啡、茶叶一样，也是世界上重要的可交易商品。

可可豆（cocao bean）是经过干燥和完全发酵的可可树的种子，可以从中提取出可可固体（一种低脂肪物质的混合物）和油脂。通过加工提取出来的油脂称为可可脂（cocoa butter），剩下的固体称为可可粉（cocoa powder）。从经过去壳、脱胚、干燥的可可颗粒中能提取出大量的可可脂，但可可脂的占比取决于具体的可可树的品种和生长环境。可可脂有很高的价值，可用于制作高档巧克力，也广泛用于美容和医药领域。可可脂具有保质期极长和熔点略低于人体体温的特性。

2017年，世界可可豆产量为520万吨（见表1.1）。科特迪瓦为首，其可可豆产量占总量的39%。其他的主要生产国是加纳（约17%）和印度尼西亚（约13%）。

表1.1 2017年可可豆产量最高的五个国家

国　　家	产量（吨）	世界产出占比（%）
科特迪瓦	2 034 000	39.11
加纳	883 652	16.99
印度尼西亚	659 776	12.69
尼日利亚	328 263	6.31
喀麦隆	295 028	5.67

资料来源：联合国FAOSTAT数据库。

1.2 可可树与可可豆

可可树属于热带锦葵目梧桐科常绿植物，起源于亚马孙盆地，且人们认为极有可能在盆地的西北部，安第斯山脉东侧斜坡下，现在广泛在拉丁美洲、非洲和东南亚种植。可可树发育缓慢，种植后需要等待5～7

年才可以产出可可豆。一般的果实成熟期为4～6个月，主要收获期为10月到12月。可可树的果实每年成熟两次，每棵树一年只可以收获1～2公斤干可可豆。

可可树要结果的话需要种植在南北纬20度以内。同时，温度也必须在16摄氏度（约60华氏度）以上。除此之外，可可树全年都需要充足的水分。种植者还需要额外关注生长环境中的各种致病因素，例如腐病、枯萎病和由真菌引起的丛枝病。可可树总是生长在潮湿、阴凉的林下凹处，因此会像其他热带果树一样，直接在主干或粗大的树枝上开花。可可树上开出的五瓣花朵由自然环境中大量繁殖的摇蚊进行授粉。

一旦授粉，可可树的每朵花都会结出一个大豆荚。可可豆荚的皮厚2～3厘米，皮质粗糙或光滑，里面充满了甜的黏稠的白色果肉，在南美称为baba de cacao。每个可可豆荚可包裹30～50个呈淡紫色至深棕紫色、相当柔软的种子（见图1.1）。可可豆荚本身无法自动打开，因此野生可可树的播种依赖猴子或者松鼠，而人工种植的可可树则需要人力播种。可可种子本身只能保持最多三个月的生育和发芽能力，但暴露于低温或者低湿度都会导致种子死亡。收获可可果实的过程中，种子会被保留下来，果肉会用来制作成

图 1.1　可可豆荚里的新鲜可可豆
（图片来源：Unsplash）

果汁。经过发酵过程中的热量积累，可可种子会失去大部分的紫色色调，变成棕色。

可可植物与人类关系最密切的、被加工为可可制品的部分，是豆荚中的可可豆。当今世界上主要使用的可可豆分为三个品种，原产于中南美洲。不同的可可豆品种之间，在外观、产量和风味上都有着显著的差异。

中美洲可可，即克里奥罗（Criollo）（见图 1.2），原产于委内瑞拉地区，现主要生长在委内瑞拉、加勒比海、马达加斯加、爪哇等地，以委内瑞拉一个名叫乔奥（Chuao）的村镇生产的鲍瑟利娜（Porcelana）可可豆为这一品种最佳。克里奥罗产量稀少，仅占全球产量的 5%。“克里奥罗”之名来源于率先向欧洲出口可可的委内瑞拉的语言，其意为“本国生产的豆”。其豆荚呈弯曲的细长形，头部尖，质地柔软、遍布瘤结，焙炒后的可可豆呈浅棕色。克里奥罗的可可树对生长环境极其挑剔，豆荚产量小，每个豆荚的种子也少，可可豆较大，易遭受病虫害。克

■ 图 1.2　克里奥罗可可豆荚（图片来源：Pixabay）

里奥罗可可豆是可可中的佳品，香味独特，多酚类物质含量少，花香、果香、坚果香馥郁，苦涩味轻，风味优雅，在古代中美洲是特供统治者和武士享用的，也受到欧洲贵族宫廷的欢迎。由于这种可可豆的风味极佳、数量稀少，所以常少量用作香味的提升。顶级巧克力中的克里奥罗可可豆用量较多。

南美洲的可可，即佛里斯特罗（Forastero），有着极强的环境耐受能力、抗病虫害能力和繁殖力，产量最高，约占全球产量的80%。“Forastero”在西班牙语中为“陌生人”之意，这种可可豆气味有些辛辣，还有苦酸味，主要用于生产较普通的巧克力，或在制作巧克力时作为基豆，主要产于西非，在马来西亚、印度尼西亚、巴西等地也有大量种植。这种可可豆的豆荚坚硬而浑圆，外形类似甜瓜，焙炒后的可可豆呈深紫色或红棕色，豆荚中豆子数量较多，每个豆子的体积较小。这种豆子味道浓烈，需要长时间的焙炒来弥补或掩盖其风味，也正是这个原因使得大部分黑巧克力带有一种焦香味，也因为其可可味道强烈而用于牛奶巧克力的制作。

可可种植者努力培育杂交品种，希望兼具克里奥罗的卓越品质和佛里斯特罗的存活能力。这两个亚种杂交后能结出有生殖能力的种子，但经杂交的种子无法再和其他任何品种的可可树进行杂交。培育者将佛里斯特罗与克里奥罗可可树交叉授粉后，产生了一个全新的杂交品种——崔尼塔利奥（Trinitario），因开发于特立尼达岛而得名。这种可可豆结合了前两种可可豆的优势，产量约占全球的15%。这种可可豆与克里奥罗一样，是可可中的珍品，用于生产优质巧克力，或当作调味豆使用，提供优质巧克力所需的酸度、平衡度和复杂度。

1.3 从可可豆到可可膏

可可豆是如何变为制作一切巧克力产品的基础原料——可可浆的呢？这属于对可可的初步加工，是在块状巧克力制作工艺出现之前对可可的基本加工程序，包括采摘、发酵、焙烧、去壳和研磨这几个步骤。现代的工业巧克力制作，也是以它作为基础，将制作链条继续延长（见图1.3）。

将树上的可可豆转变为餐桌上的巧克力，首先需要将它采摘下来。由于可可豆荚生长在树枝和树干上，

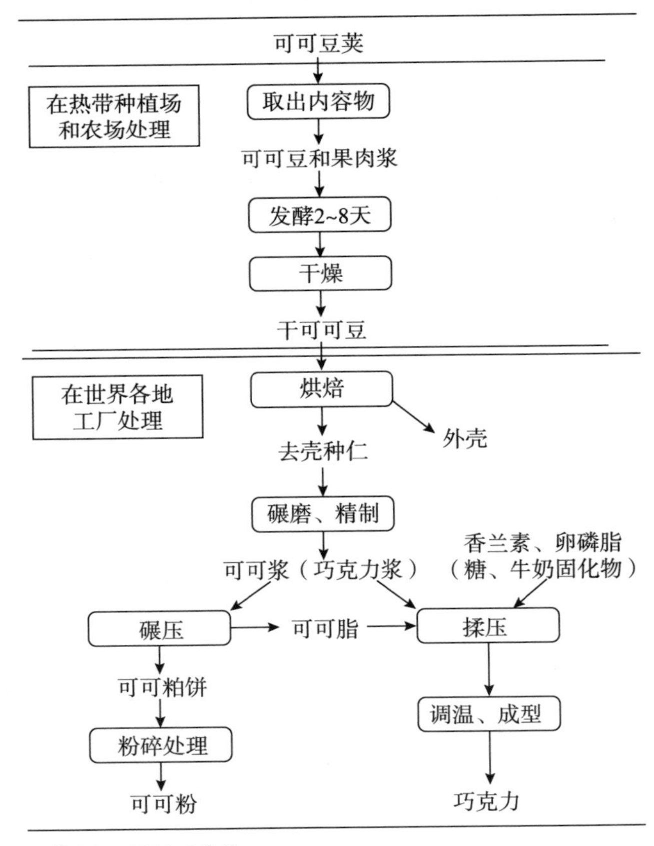
可可豆荚
在热带种植场和农场处理
取出内容物
可可豆和果肉浆
发酵2~8天
干燥
干可可豆
在世界各地工厂处理
烘焙
外壳
去壳种仁
碾磨、精制
可可浆（巧克力浆）
香兰素、卵磷脂（糖、牛奶固化物）
碾压
可可脂
揉压
可可粕饼
粉碎处理
可可粉
调温、成型
巧克力

■ 图 1.3　可可加工流程

机械采摘很容易把树损坏，所以目前还不适合大规模机械采摘，需要依靠大量人力。收割可可豆是一种纯体力劳动，可可庄园的农民使用劈刀和长钩状刀将可可豆荚从可可树上砍下来。豆荚采摘后，需要用劈刀砍开（见图 1.4），在不伤及内部可可豆的情况下，把里面的果肉刮出来。废弃的可可豆荚一般用于肥料和家畜的饲养。

接下来，是关键的发酵环节。可可豆荚采收之后，工人会立即打破荚壳，把豆子和含糖果肉堆在一起，摆放在热带高温环境中。微生物摄取果肉中的营养成分并开始生长，在发酵过程中发挥作用。发酵的时间根据种子和果肉的品种不同有所区别：克里奥罗可可豆需要发酵 1 ～ 3 天，佛里斯特罗可可豆则需要 3 ～ 5

■ 图 1.4　收割可可豆的农民（图片来源：图虫网）

天，现在均延长到 5 ～ 6 天。首先，果肉液化并蒸发；接着，可可豆短时间发芽，以使得成品能够体现巧克力风味；之后，人们需要对可可豆进行翻筛，温度保持在 45℃～ 50℃之间，直到可可豆发芽后数天，才停止这个过程。经过发酵后，可可豆的涩味减弱。可可豆的发酵方法主要包括堆积发酵法和箱式发酵法两种。堆积发酵法比较简单，流行于西非地区，只需要将可可豆堆在两层蕉叶之间即可，每两三天搅拌一次。箱式发酵法（见图 1.5）则需要把可可豆装入木箱，在顶层覆盖蕉叶或麻袋，每隔几天将各层中的可可豆互换并搅拌，主要用于中南美洲地区。

■ 图 1.5　可可豆发酵的箱子（图片来源：图虫网）

可可豆的发酵分为两个阶段：第一阶段为酒精发酵，优势菌种是酵母菌，能把糖转化为酒精，并代谢果肉中的部分酸类成分，此时可可豆会产生类似水果的香气。当酵母菌把截留在豆堆中的氧气耗尽，生成乳酸菌后，工人会翻搅豆子和果肉堆以补充气体，醋酸菌（也就是酿醋的菌类）发挥作用，把酵母产生的酒精转换成乙酸，是为第二阶段——醋酸发酵。醋酸菌产生的乙酸渗入豆中把细胞腐蚀出小孔，于是细胞内容物溢出，带涩味的酚类物质和蛋白质、氧气夹杂相混，使得形成的复合物涩味降低很多。在醋酸发酵产生的热量和酸性环境下，可可豆中的香气物质形成。这一过程中的热量和酸会破坏可可豆的细胞壁，不同物质发生反应，生成各种香气物质。开孔的豆子就会从发酵中的果肉中吸收一些风味分子，包括甜、酸、果香、花香和葡萄酒香。所以，如果发酵处理得当，就能把略带涩味的清淡豆子转化出令人喜爱的风味和风味前驱物。可可豆的发酵环节对其后巧克力成品的风味具有高达 60% 的决定性作用。

可可制作的第三个主要步骤是干燥（见图 1.6）。一旦发酵完成，为避免过度发酵，可可农户就需要动手干燥豆子，以慢慢中止发酵过程。通常使用露天晾

■ 图 1.6　晾晒干燥（图片来源：图虫网）

晒法，将可可豆放在垫子或托盘上铺开晾晒，于阳光下放置 1 ～ 2 周。在干燥的过程中，可可豆会损失大半重量，但发酵的酶催化作用仍在继续。若是操作不当，还可能滋长有害细菌和霉菌，侵染豆子的内部和表面，使其沾染不良风味。干燥后的可可豆含水量应在 7% ～ 8%，有松脆的口感。晾晒过程中，需要根据天气的状况，调整晾晒的时间。遇到雨季来临时，为防止可可豆霉变，一些种植园还会使用干燥机器进行干燥。但是，干燥机燃料的烟熏味可能会对可可豆的风味产生不良影响。可可豆的干燥环节对其后的巧克力成品的风味起到高达 20% 的决定性作用。

经过干燥，初级的可可产品制作进入最后一步——焙烧。干燥后的可可豆需要不同时间长度的焙烧环节，产生浅、中、深度不同的焙烧风味。制作可可液块需要 37℃～40℃的环境，而可可粉需要 46℃～49℃，因为恰当的温度对成品的口味和香味也很重要。在这一干燥的步骤中，可可粒呈现棕色，变得更加松脆，涩味也减淡了。可可豆的烘焙方式大体上来说可以分成两种：一种是保留可可豆的完整形状，进行整豆烘焙；另一种则是在烘焙前把可可豆压成颗粒，这种方式叫作颗粒烘焙。整豆烘焙的优点是由于外皮的保护作用使得可可豆的香气不易逸散，但缺点在于颗粒较大可能受热不均，因此对技术要求比较高。而颗粒烘焙则恰恰相反，由于颗粒体积小，尺寸统一，因此更容易受热均匀，从而产生更加纯净的味道，其相应的缺点则是香气容易流失。

剥去或用其他方法去除无用的薄壳，研磨无壳的碎粒是制作巧克力的必要准备，如图 1.7 所示。这些碎粒经过充分的研磨和加热，最终形成膏状物，在贸易中被称为可可浆或可可膏，是制作巧克力以及可可粉的基础原料（见图 1.8）。

■ 图 1.7 可可焙烧后去壳（图片来源：图虫网）

■ 图 1.8 可可膏（或称可可液块、可可浆）（图片来源：图虫网）

名词解释

可可膏：以可可豆为原料，经过清理、筛选、焙炒、脱壳，通过精细研磨磨成的浆体。可可膏在温热状态具有流体的特性，调温冷却后凝固成块，即为可可液块或可可料。可可膏是生产巧克力的重要原料。可可膏或可可液块通过压榨，可以得到可可脂和可可饼块。可可饼块是加工成各种可可粉的必要原料，可可脂则是巧克力的重要组成部分。

1.4 从可可膏到巧克力

可可膏可以理解为百分百可可含量的巧克力，其味道是相当苦涩的。很少一部分消费者可能对这种巧克力情有独钟，但它绝对不是大多数消费者可以接受的种类。从可可膏到巧克力还有一道关键工序，那就是调配。在这一步中，制作者会加入糖、奶粉、油脂等来平衡口感。砂糖可以显著增加甜度，奶粉的作用则是减少酸味，使巧克力的口感更加柔和，可可脂和从其他植物中提取到的油脂则承担中和苦味的功效。调配之后，再经过细腻化处理，巧克力的口感就变得更加柔滑。

最后一步是调温。可可脂是多晶形的，这就意味着不同的凝固条件下，会形成不同类型的晶体。在调温阶段，巧克力先是被加热，待冷却后再温和地加热到一个精确的温度，以得到可可脂的稳定晶体。经过调温后的巧克力硬度适中、表面光滑、口感柔顺，也这就是我们日常可以食用的巧克力（见图 1.9）。

巧克力之所以“只融在口，不融在手”，就是因

■ 图 1.9　巧克力产品（图片来源：Pixabay）

为可可脂这种物质的存在。可可脂是由一类由可可豆焙炒、去壳、精磨和榨油等工艺加工后得到的油脂，它的熔点为 34℃～ 38℃（见图 1.10）。而我们知道，人的口腔温度在 36℃～ 37℃，所以可可脂在常温下是固体状态，这也就是为什么块状巧克力在常温（23℃以下）时能够保持坚硬形状，而一旦放入口中，就会即刻融化。

可可脂的提取离不开可可豆，可可豆是可可树的果实，而可可树受气候条件限制较为严格，生长速度缓慢，因此，可可脂资源有限、价格昂贵。那如何能够让人们便宜地吃到这种食物呢？可可脂代用品应运而生。

可可脂代用品包括代可可脂和类可可脂，使用可可脂代用品的巧克力与天然可可脂制成的产品相比较，在光泽、形态、色泽、香气等各个方面等没有明显差别。此外，相比可可脂巧克力，使用代用品的巧克力有更好的热稳定性，使其生产工艺更加简单，对储藏及销售环境要求也更低。因此，在现代巧克力的配方中，价格低廉的可可脂代用品开始占据一席之地。这里需要注意的是，可可脂代用品并不全是优点。与天然可可脂有益无害的特性不同，长期食用可可脂代用品可能对人体造成一定伤害，因此根据我国相关标准规定，巧克力产品中非可可脂的含量不得超过 5%。

■ 图 1.10　常温下呈固态的可可脂（图片来源：Pixabay）

巧克力的保存也是一门学问。正如前文所述，巧克力常温状态下之所以是固态，是因为其中可可

名词解释

可可脂：又称可可白脱，是从可可液块中提取出的天然植物油脂，液态时呈柠檬黄或淡金黄色，具有可可特有的香味。其主要成分为甘三酯，另外含有少量游离脂肪酸、甘二酯等。研究表明，可可脂中油酸含量较高，而油酸具有降低血液中胆固醇的作用。

类可可脂：巧克力产业中使用的一类可可脂代用品，可以从杧果、棕榈果等中分馏提取。其甘三酯含量与天然脂肪酸组成跟天然可可脂较为接近，在巧克力工业生产中，其代替可可脂的含量在 5% ~ 20% 的范围内波动。

代可可脂：巧克力产业中使用的一类可可脂代用品，其甘三酯的含量及组成与可可脂相差较远，并且可能存在反式脂肪酸，对身体产生不良影响。

脂的熔点高于常温。而一旦周围环境温度升高，巧克力就有融化的现象，因此巧克力一般适宜存放在16℃～22℃阴凉干燥的场所，夏季可以考虑存放在冰箱内，并且绝对要密封，食用前还需要先在密封中回温。另外酒窖也是很好的保存场所。

第二站

起点：玛雅与阿兹特克

我竖起了鼓
招来了我的朋友们
他们可以尽情放松
我让他们歌唱
我们必须去往那里
另一个世界
永记在心，欢乐你我
——《我竖起了鼓》墨西哥原始诗歌

可可在玛雅与阿兹特克两个文明中有着超越食物的重要性。中美洲的严苛环境并没有阻止可可树的生长，那里的人们赋予这些来之不易的可可豆以宗教的神圣意义。当然，他们还是享用了热可可的美味，但却是辣味十足的。可可豆可以作为货币或者计量单位，可以献祭给神灵，也可以治疗疾病。前人对可可豆的利用超出了我们的想象，但又不是异想天开。

2.1 远古可可豆

考古学家乔安妮·巴伦分析了古玛雅文明中的壁画、雕塑以及绘画等艺术品，发现其中关于可可豆或可可饮品及器皿的作品十分丰富。根据化学分析，已知最早的可可消费可以追溯到公元前 1400 年至公元前 1100 年之间。在早期，使用的不是可可豆，而是果肉——将甜果肉发酵制成酒精饮料，后来才用上可可豆。不过，它和我们今天吃的巧克力有很大不同。

然而，许多人怀疑可可树是否原产于中美洲，因为对生长环境要求严苛的可可树需要特定的气候条件。但令人惊讶的是，这些树在尤卡坦半岛北部可以生长，而那里的气候通常过于恶劣。这个地区有一个漫长、炎热和干旱的季节，每年的降雨量只有 50 毫米，但可可树需要全年的湿度和充足的降雨量（2 000 毫米），以及排水良好的土壤，以便生长和繁殖。可可树是一种喜荫的树种，通常生长在高大的热带树木的树冠下，扎根在由保护性树冠上的大量有机物质组成的营养丰富的土壤中（见图 2.1）。种子发芽很快，如果不在南美和中美洲地区的热空气中保持湿润和凉爽，种子肯定会死亡。但这些树在中美洲地区确实是自然生长的，那又是如何做到的呢？

答案很可能就在地下洞穴或坍塌的地面洞穴里。这些类型的环境类似于深坑，并且有一个潮湿的微环境，适合可可生长。小山洞里的地下水通常是树木的水分来源，这样的话，这些树木半年接不到雨水也没问题。但是，我们到现在还是不知道可可树是自然形成并繁茂生长的，还是被带到这个地区，然后种植在这些深坑中的。

在玛雅城市的坟墓里，考古学家发现一个有 2 600 年历史的罐子，而罐子中的残骸让考古学家们震惊。

■ 图 2.1 可可树上的可可果（图片来源：Pixabay）

实验室分析表明，罐子里的物质可能是最早的可可饮品，而且考古学家在附近村庄也发现了种植可可树的遗迹。

远古的可可会添加辣椒粉与其他香料，使之成为王公贵族欢迎的热辣饮品。玛雅人摘了成熟的可可果，发酵，晒干，放在火上烤，可可豆就出来了。把烤好的可可豆磨成粉，加入水，然后加入胡椒、玉米粉和其他独特的调味料做成糊状，再反复摇晃，直到液体充满泡沫，巧克力就完成了。玛雅人习惯加热后食用，阿兹特克人则多半不加热。巧克力是精英们的首选饮料。他们加上辣椒、玉米、香料、花生酱、香草或其他风味、质地的增强剂，将可可饮料调制成一种辛辣的热饮，供那些有能力的人或被特别挑选来享受其疗效的人享用。

2.2 作为货币的可可豆

在很多古代文献与图像中，可可时常出现在人们交易与纳税的场景中。玛雅人就将巧克力或可可豆作为货币来进行流通，特别是在公元 8 世纪之后。

为了找出答案，考古学家乔安妮·巴伦分析了玛雅人的艺术作品。

在公元 8 世纪之前的一幅金字塔壁画中，有个女性向一个男子提供了一碗看似热巧克力的东西，但看起来并不像是把巧克力作为货币来使用。

但到了公元 8 世纪，可可这一题材变得越来越流行，这应该与人们开始把可可当作金钱使用有关。在公元 691 年至公元 900 年的陶瓷和壁画中，约有 180 种不同场景的画面上有像可可豆和玉米粒一样的商品。这些东西被作为贡品或者税收交给玛雅领袖，似乎当

■ 图 2.2　可可豆（图片来源：Pixabay）

时的人们将可可豆（见图 2.2）作为支付媒介来使用，而非一次性的交易商品。

古玛雅人没有用过金属货币，与许多早期文明一样，他们主要是采用以物易物的形式，通过等价交换来获得烟草、玉米和服装等物品。16 世纪西班牙殖民者留下的记录表明，当时这些欧洲人用可可豆来支付工人的工资。

与玉米、棉花等植物不同，可可豆的生长需要相当特定的条件，因此比较难于栽种，而且数量有限，这就增加了可可豆作为货币的可能性。但当时的气候变化或许影响到了可可豆的产量，并对玛雅经济产生了负面影响。可可豆短缺扰乱了执政者征税或支付劳务的规划，破坏了玛雅时期的政治格局，并导致经济崩溃，这甚至可能是玛雅文明衰落的重要原因之一。

也有人认为，玛雅人并不把可可豆当作货币，因为他们对于金钱的概念与现代人不同。可可豆很可能只是一种方便的计数单位，例如一个器皿价值 5 可可豆，而一个锤子价值 10 可可豆。那么若想要获得一个锤子，便要拿两个器皿交换。因此，可可豆其实并未成为实质流通的货币，而仅仅是一个“度量”的标准。

而且，可可豆也不是玛雅人唯一使用的“货币”，他们偶尔也使用贝壳、布帛、铜铃、小斧等作为交换媒介。所以，玛雅人并没有严格规定货币本位，他们使用可可豆之类“货币”的原因，可能就是这些小物品在贸易中便于携带。

在殖民者到来之后，可可豆的货币作用开始明确了。例如，有文献明确记载，墨西哥中部一个搬运工的日工资是 100 个可可豆。当然，之前的迷惑主要还是因为缺乏文献证据。

2.3 神的祭品

可可豆不仅仅是玛雅人与阿兹特克人进行以物易物交易的一种代币，还具有重要的宗教意义。可可被认为是神灵赐给人类的一种神圣的食品，阿兹特克人认为可可树是人间与天堂之间的一种桥梁。

根据古代阿兹特克人和玛雅人的民间传说，神灵在一座“寄托山”中发现了可可。玛雅人流传的版本中有羽毛蛇神克萨尔科特尔（Quetzalcoatl，见图 2.3）的故事，说克萨尔科特尔给自己的人民分发了由女神埃克斯姆堪（Xmucane）调制的掺有玉米的可可饮料，让他们在宴会上饮用。他们还坚信，饮用可可能够将羽毛蛇神克萨尔科特尔的一部分智慧分割给凡人。但是，由于克萨尔科特尔将可可分发给人类，激怒了别的神灵，被从天宫驱逐了。因此，阿兹特克人一直相信克萨尔科特尔会在人间出现。实际上，西班牙统治者埃尔南・科尔特斯登陆新大陆后，曾被阿兹特克人误以为是克萨尔科特尔的化身，从而享受到了神一般

■ 图 2.3　克萨尔科特尔神像（图片来源：Pixabay）

的迎接待遇。这样看来，阿兹特克人对可可的信仰和迷信在一定程度上可能为自己引来了杀身之祸。

可可对于中美洲的古代民族有着至关重要的宗教、精神和政治意义。他们会给为太阳神而献祭的人喝可可饮料，来使献祭者神圣化。在结婚仪式上，新郎会先喝一杯具有联姻象征的可可饮料，然后跟新娘交换一颗可可豆子。婚礼上的人们还会互相馈赠一些盛有可可饮料与玉米粥的黏土陶器。生育仪式也同样离不开可可，因为会用巧克力来给新生儿洗礼，用鲜花和水磨碎的可可种子洗孩子们的头、脚和手。

可可饮料被认为是一种令人陶醉的仙露琼浆，通常只有男性、精英和王室可以饮用，妇女和儿童是不允许饮用的。可可饮料的不同配方是为不同的场合准备的。甚至有许多视觉冲击力比较强的人类学文献，证明可可饮料和人血同样被认为是神圣的。

在古代玛雅人埋葬地点常出现可可豆子残余。在大多数近代早期玛雅遗址中都发现了保存可可豆的陶器，好像是用来供死者在冥界食用的。这些玛雅容器刻有可可图像或神像，描绘玛雅人食用可可的场景。

在危地马拉里奥阿祖尔遗址的玛雅古墓中发现了含有可可碱和咖啡因的容器。根据研究人员的调查，只有可可是唯一一种同时含有可可碱和咖啡因的中美洲食材，因此这些容器应该盛装过可可。

可可在玛雅与阿兹特克文明的另一个象形证据是在奇琴伊察镇挖掘到的一块玉石牌形状的翡翠斑块，上面画着一个抱着长满可可豆的可可树干的人，画中还发现了“可可”一词的字母字形。

玛雅人有一个特定的可可神，叫尔克传（Ek Chuah）（见图 2.4）。玛雅人每年会举行一次纪念可可神的仪式，献祭可可饮料和其他礼物，如粘满了可可和羽毛的狗，并载歌载舞。

阿兹特克也在首都特诺奇蒂特兰（Tenochtitlan）举行一个与可可饮料有关的年度仪式。在该仪式中，战俘身着五颜六色的羽毛和宝饰，为了安抚战神和太阳神而跳舞。在这种为期四十天左右的宗教仪式，战俘一直被当成神对待，晚上他就会被关押在笼子里。如果战俘因为即将面临死亡而焦虑或紧张，村民就会给他喝一杯可可饮料。

■ 图 2.4 尔克传神像（图片来源：古腾堡）

2.4 医疗用途

可可不仅用于宗教祭祀仪式，也用于医疗，可可饮料被认为对各种疾病有很好的治疗效果。浮在可可饮料上的油层常用来保护皮肤，防紫外线，是现代人所使用的防晒霜的鼻祖，这与现在可可脂的护肤功能不谋而合。阿兹特克人也认为饮用可可能够治疗胃肠不适，防止各种感染性疾病。当然，添加可可有时是为了掩盖药物的苦味，比如把发烧药与可可混合。这些古老的文明也坚信可可豆具有强大的壮阳效果。据历史记载，阿兹特克王蒙特祖玛曾食用过惊人的可可豆量，以提高他的性耐力，而阿兹特克士兵在上战场前也会喝可可饮料，以提升作战力。

西班牙牧师贝尔纳迪诺·德·萨哈贡（Bernardino de Sahagun）（见图 2.5）编写的书中包含将近三百种可可的医疗用途。实际上，现代研究表明，可可豆可以降血压、利尿，以及治疗哮喘等，可见阿兹特克人与玛雅人对可可豆药用功能的利用不是没有道理的。

■ 图 2.5　贝尔纳迪诺·德·萨哈贡（图片来源：古腾堡）

《巴迪亚努斯手稿》（1552 年）也有关于拉美古文明中可可药用功效的记述，其中的植物绘画非常引人注目，有一幅可可树的彩色插图。该书对可可药效的描述比较客观，并且提供了具体的治疗技术。

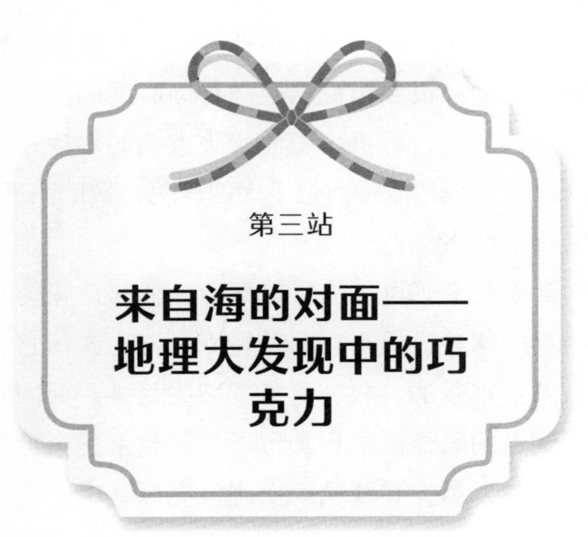

第三站

来自海的对面——地理大发现中的巧克力

手手相传，巧克力开始旅行
背负着原罪，又苦又甜的巧克力之路
——《黑巧克力》李斯马·莱马史

14 世纪末期，西班牙与葡萄牙的寻金热催生了航海家们对遥远东方的探寻，但他们却阴差阳错地登上了美洲的土地，人类历史从分离走向联系的序幕由此拉开。这一时期，可可也随着探险家们的步伐，从古老的阿兹特克土地流传到位于大西洋另一端的西班牙，并风靡整个欧洲大陆。

欧洲人改变了可可饮料的配方，使其口味更匹配他们嗜糖的味蕾。但与在阿兹特克一样，饮用它仍然是贵族阶层享受的特权，这是文明的延续。而同时，对可可饮料的强烈需求也加重了持续整整三个世纪的黑三角贸易，暴力和残酷的血腥气充斥其中，这也是文明的破坏。

本站我们将描述可可是如何随着地理大发现的脚步，从古老的阿兹特克土地传播到西班牙；又有哪些因素推动它进一步地传播到欧洲各地，成为贵族阶层的必需品。欧洲人享受的可可饮料背后是原罪般残酷的奴隶贸易，这也让可可种植地从美洲转移到非洲。正如聪明的文明始祖一样，巧克力在早期欧洲也是同时作为食品和药品而存在的。但是，启蒙家们不满足于此，包括著名的《百科全书》在内的诸多读物中不乏对巧克力的诠释，巧克力从餐桌进入人的心灵。

3.1 哥伦布的可可缘

14 世纪末的地中海沿岸，以农业和手工业为代表的商品经济有了进一步发展，工场主雇用雇工生产的现象也悄然出现。这一时期，资本原始积累的进程拉开，黄金白银取代了土地成为社会财富的标志，掀起人们对它强烈的渴望与追求。《马可·波罗游记》中对于神秘的东方国家的记载，进一步激发起欧洲人前往东方发财的“寻金热”：

“（日本）具有黄金，其数无限……君主有一大宫，其项皆用精金为之……宫殿房室地铺金砖，以代石板，一切窗栊亦用精金……（南海）共有 7 459 座岛……有调味香料，种类甚多……由是其中一切富源，或为黄金宝石，或为一切种类香料，多至不可思议。”

在这一背景下，意大利的狂热寻金人克里斯托弗·哥伦布（见图 3.1）为去寻找东方财富而不懈努力着。十余年间，他先后前往英国、法国、意大利、西班牙等地游说皇室支持他的计划。他在《致西班牙国王和王后书》中写道：

“黄金是一切商品中最宝贵的，黄金是财富。谁占有黄金，谁就能获得他在世界上所需的一切，同时也就取得把灵魂从炼狱中拯救出来，并使灵魂重享天堂之乐的手段。”

直到 1492 年 10 月，西班牙皇室看到了与东方贸易中的美好前景，终于接受了他的提议。在女王的支持和派遣下，哥伦布终于如愿踏上旅程。他带着给印度君主和中国皇帝的国书，带领三艘百十来吨的帆船一路向西，经过七十昼夜的艰苦航行，终于到达陆地。

他以为这就是自己梦寐以求的印度。而实际上，他阴差阳错地登上了美洲巴哈马群岛的土地。

事实上，哥伦布并不是第一个到这片土地来的欧洲探险家。早在公元 1000 年左右，一位名叫莱夫·埃里克松（Leiv Eiriksson）的北欧维京人就已经发现了美洲。然而，直到哥伦布前来，旧大陆与新大陆之间

■ 图 3.1　意大利的哥伦布塑像
（图片来源：Pixabay）

的往来才真正开启。

1502 年 8 月，同样为了他想要的钱，哥伦布带领团队第四次登陆美洲。他的小儿子斐迪南·哥伦布（Ferdinand Columbus）在瓜纳哈岛上俘获了一艘独木舟。这像是一艘用来从事贸易活动的独木舟，船体中部有一个用棕榈树叶搭成的简易顶篷，而顶篷下的内舱装满了谷物、酒等食物，服装、兵器、斧头、铃铛等货物。另外，还有一种看起来像杏仁的东西，当散落的“杏仁”落入海水中，船上的人大惊失色，立马伸手往海里捞起这些“杏仁”。这让斐迪南等人大惑不解。日后，他在对这件事情的记录中写道：

“他们（船上的人）似乎把这种杏仁当成非常值钱的东西，因为他们和他们的商品一起被带上船时，我发现只要有这种杏仁掉落，他们都会停下脚步把它捡起来，就像有只眼睛掉在了地上一样。”

而在当时，即使是第四次前来的哥伦布航海团队，也只能描述这些“杏仁”为“放入碗里喝的树木果实”。在无法用语言与当地人沟通的情况下，他们无法认识到这些“杏仁”的名字叫可可（cocoa），在当地被当作货币使用，更无法意识到这种奇怪“杏仁”的珍贵性。因此，可可豆在当时前来的欧洲人眼中，并未得到很大的重视，只留下了一个奇怪的印象。

3.2 贵族小众品

首次品尝可可饮品的欧洲人是荷南·考特斯（Hernan Cortes）（见图3.2）。1519年，他带领着几百个人和一些武器到达当时阿兹特克的首都特诺奇蒂特兰。在阿兹特克国王蒙特祖玛举办的一次酒会上，考特斯和他的队伍受到了国王的热烈欢迎。

蒙特祖玛招待他们品尝一种叫“遭克力”（xocolatl）的神奇饮品，它被装在精美的、金子制作的酒杯中。那是一种略微辛辣的饮料，由可可豆制成，加以辣椒和玉米淀粉来调味。当地人将这种巧克力饮品视为最珍贵的

■ 图3.2 荷南·考特斯塑像（图片来源：Pixabay）

饮料，并称它为液体黄金，用来盛装它的金杯用一次便被丢掉，仿佛里面的液体比金子更为尊贵。

这是旧大陆的人第一次正式接触可可饮品。

在越来越多西班牙殖民者来到中美洲后，可可也逐渐浸入到这些征服者的生活中。在殖民的早期时代，一些富有的西班牙人雇用阿兹特克妇女在厨房里劳作，可可有时作为调料被加入菜肴里，一点一点重塑着西班牙人的味蕾。这对日后可可在欧洲的流行也产生了推动作用。

但没有人能够说出可可首次传播到旧大陆的具体时间。如果考特斯要将可可运回西班牙，最适当的时刻即是此次历程返航时。

1519 年从阿兹特克返回时，他携带了大量掠夺的财物。根据当时的五一税制度，他需要将这些财物的五分之一献给君主。而船上载货的详细描述和清单显示，这批财物中，金银器物占到绝大部分，并未有关于可可豆的记载，据此人们推测，考特斯当时并没有将可可豆带回西班牙。而 1528 年考特斯因为自己的贡献获得贵族头衔时，献给皇帝的礼品也没有可可豆或其他植物种子。有人猜想，这是因为考特斯发现了可可豆中获取暴利的点子，想要独占可可豆。

时间转眼到 1544 年，多米尼加的修道士代表玛雅贵族来拜访西班牙的菲利普王子。在他们所带来给王子的礼品清单中，有一些动物羽毛、植物制品、香料，以及几罐碾碎的可可豆。这是可可进入西班牙的首次正式的文字记载。可以认为可可豆大约是在这一时间段传入欧洲。

1585 年，第一批可可豆从维拉克鲁斯（Veracruz）启程，以正规的货运途径运至塞维利亚（Seville），开启了正式的可可贸易。

然而此时西班牙的贵族群体对于可可饮料的味道接受程度并不高。西班牙人非常爱吃糖，而这种交杂着苦味和辛辣味、表面浮着泡沫的褐色液体，与嗜甜如命的欧洲人的口味极不匹配。因此，可可最初在欧洲扮演的角色是药物而非食物。

阿兹特克丰富的植物学知识使得他们对可可的药用价值有出众的经验性了解，人们将它用作胃痛药或是振奋精神的药物。据一些史书记载，阿兹特克人将这种豆子当作只有男人才能享用的催情药，这引起了西班牙皇室贵族的重视。1570 年，在西班牙国王菲利普二世了解了阿兹特克的植物药典知识后，派皇家医师弗朗西斯科 • 埃尔南德斯（Francisco Hernández de

Toledo）前往美洲。根据他对可可的研究，可可属“凉性”，可以用来治愈发烧。而为了中和，可以往可可饮品中加入梅卡渥奇特这种“热性”香料，能够“暖胃、清新口气、解毒、缓解肠痛和疝气”等。而加入了香料的可可饮品所具有的催情效用，使其更加受到贵族的青睐。另外，胡安·卡德纳斯（Juan de Cardenas）认为：可可豆经过烘烤、研磨，再混合上一点玉米粥，可以让人心情愉悦、身体强壮。

可可的大部分药物属性信息对于注重强壮身体、健康饮食的西班牙人都是正面的，这让它在欧洲皇家、贵族、教会之间逐渐传播开来。

在同一时期，可可饮品的口味相较之前也有了极大的变化。在考特斯初次品尝可可饮料后的二十年，他将原有的阿兹特克版本饮料配方进行了改良，在其中加入了一些香草和糖，替换了辣椒，让这种饮料的味道更匹配欧洲人的口味。

味道的改良和有益身心的属性让可可饮品迅速风靡起来。然而，可可对于生长环境极高的要求使得这种植物无法有很大的产量。在种植园开发以前，可可豆仅生长在温暖、潮湿、较为低洼的雨林环境中，非常稀缺。这也是可可在成为商品之前被用作货币的原因之一。《巧克力：一部真正的历史》中描述，在西班牙入侵阿兹特克后不久，可可豆作为货币的购买力大约为：

一只好的火鸡价值100个新鲜可可豆，或120个已经枯萎的可可豆

一只火鸡价值200个可可豆

一只野兔价值100个可可豆

一只小兔子价值300个可可豆

一个大番茄价值1个可可豆

一个搬运工的日工资为100个可可豆

……

可可豆的价值使得可可饮料非常昂贵，而且进口可可高昂的税收，更提高了它的价格。在阿兹特克时，这就是一种只有贵族才能享用的奢侈品，是尊贵身份的象征。在欧洲，这一属性得以延续，不同的只是饮用者从古铜色肌肤、身上插满羽毛的美洲人，变成了肤色雪白、喷着香水、头戴假发、衣饰华丽的欧洲皇室和贵族。

17世纪开始，可可饮品逐渐从西班牙向欧洲各国

流传。

在西班牙皇室贵族中，可可得到了极高的重视。早期，经过改良的饮料口味深受王室的喜爱。随着享用可可成为习惯，制作它的配方也不断改善，从早期加入香草，到后来加入肉桂、玫瑰粉末、红土等香料和色素。在《巧克力：一部真正的历史》中，我们看到当时的制作过程也极为复杂，需要：

“在满是洞眼的小铁锅内用小火干燥，一刻不停地翻动，即使外壳剥落也不一定已干燥充分，需用手试捏，至能将种子捏碎为止，亦不可过度干燥至成干末。此为预制步骤。……再次进行碾压，不过此次碾压时间更长、力度更大，要使材料充分混合，至看不出肉桂和糖的痕迹为止……”

除此之外，盛装可可饮料的容器也发生了不小的变化。一开始，人们都按照阿兹特克的饮用方式，用瓢或小碗啜饮，但这种方式非常容易将液体洒出来。注重形象的皇室贵族当然不允许这类事情频频发生。后来，曼塞拉（Mancera）侯爵发明了一种巧克力杯托，再后来优化成了一种托盘，让装着昂贵液体的杯子稳稳立在中间，让贵族们可以在舞会上轻松地享用它。

作为最先开始接触可可的欧洲国家，西班牙培育出浓郁的可可文化。西班牙宫廷一直保守着制作巧克力的专利秘密，独享了大半个世纪。在下午茶时间，可可饮料担任着重要的角色，可与糖、牛奶、鸡蛋、小饼干或干面包块等相搭配；温度也有区分，通常分冰的和热的两种。另外，它还被用于庆祝节日、展览和游行。甚至在法律判决或行刑时，高级别的官员也会享用可可饮品。

虽然最早见到美洲可可豆的航海家哥伦布是意大利人，但这并未使意大利成为最先饮用可可饮料的欧洲国家。在西班牙和葡萄牙之后，可可饮料才在意大利流行起来。甚至这种液体如何进入意大利也是一团迷雾。较为主流的说法是佛罗伦萨的商人卡莱蒂（Francesco d’Antonio Carletti）前往美洲发现了可可种植与加工的详细方法，但并没有资料表明意大利人是通过卡莱蒂开始学习饮用可可。还有一种说法是，可可饮料通过宗教网络和僧侣传入意大利，毕竟在17世纪的欧洲，宗教改革正如火如荼地进行着。

可可在法国的流行与皇室姻亲有很大的关系。为建立西班牙与法国的政治联盟，西班牙国王菲利普二世的女儿，奥地利家族的安妮（Anne）公主在1615年与法国国王路易十三成婚。1660年，匈牙利和波西米亚女王玛丽·特雷西娅（Maria Theresa）与法国国王路易十四结为姻亲，进一步确保了两国之间的联盟。据说她从西班牙带来了女仆，在她的房间里制作可可饮料，只有在内殿服侍的大臣在“每天早晨的接见”（欧洲贵族女性在床上使用早餐）中有机会被邀请分享一杯。从此，可可饮料正式成为法国宫廷饮品。到1671年，法国的贵族女性已经开始普遍饮用可可。

同样地，巧克力传到维也纳在很大程度上也是因王朝变动的因素。与安妮女王相同，奥地利王室的男性都是在西班牙王国内长大成人的，他们接受西班牙王室教育的同时，也潜移默化地习惯了西班牙王室的生活方式。1711年，神圣罗马帝国皇帝查理六世将宫廷从马德里迁回了维也纳，跟随他的还有西班牙人对于可可饮料的喜好。这样一来，可可饮料也成为维也纳宫廷的必备之物。

英国与欧洲大陆隔海相望，可可传入英国的方式也与它在欧洲大陆流传开来的方式不太相同。最初接触可可的是英国的海盗群体。16世纪中后期，他们登上西班牙的船只和港口掠夺金银和货物。或许由于当时英国与欧洲大陆消息互通程度有限，抑或由于可可饮料的贵族阶级属性，这些海盗群体并不知道这些褐色的植物种子是什么，也不愿意去弄清楚，甚至把它当成某种动物的粪便来烧掉。直到17世纪中期，可可才与咖啡和茶叶一起，正式传入这个大西洋上的岛屿。此时的英国，资产阶级已经逐渐壮大起来，民主思想一点点地成为大多数人认可的主流思想。可可在这时开始打破阶级壁垒，成为一种售卖品，只要有钱，任何人都可以享用这种饮料。但不得不说的是，有钱人仍然是少数。

值得一提的是，15—17世纪的欧洲，皇权与神权紧密联系在一起。说到可可在欧洲的传播，必定会说到教会。

宗教对于可可在欧洲传播所起到的作用可谓有利有弊。

一方面，饮用可可有很强的宗教色彩。可可中的某些元素能够补充人的体力，使人精神振奋，因此被提倡用于宗教典礼，帮助人们进行宗教冥想，减少做礼拜时打瞌睡的现象。但这时，可可的属性就引发了争议。神职人员和宗教人士在可可是食品还是饮料的问题上争论了许久。若将可可定义为饮料，则他们可以甚至提倡在斋戒时饮用，来帮助人们维持体能，保障他们在禁食时有足够的体力；但如果定义为食品，则食用可可就违反了教会斋戒的规定。

另一方面，可可与主流宗教教义不相符合。16 世纪之前的天主教提倡极端的禁欲主义，要求人们压抑对于性的欲望；宗教改革后的新教虽放宽了部分限制，却仍以“适度节制”为标准，大体上仍不提倡情欲。而前文提到，可可在阿兹特克时期就被作为一种催情的药物，这就与禁欲思想产生了矛盾。另外，斋戒的本来目的就是为了减少人的欲望，在斋戒时饮用可可又违背了这一仪式的初衷。因此总体而言，当时的宗教对可可主要持负面的态度。

随着文艺复兴所提倡的人文主义日渐深入人心，宗教改革的深入发展，宗教教义也逐渐放松了对于人性的限制，从这一点上来说，可可的流行也从一个侧面体现了宗教教义的变化。

17 世纪末，这种饮料已经几乎流传到了欧洲所有国家，但不要忘记，此时它仍是贵族阶层的特权。

3.3 从美洲到非洲

一直以来，大约 4 200 年前，中美洲的奥梅尔克文明被认为是可可豆步入人类社会的起源。分布于墨西哥湾高温高湿地区的奥梅尔克地区，拥有富饶肥沃的土地，奥梅尔克人便在此最初种植了可可树。而 2018 年 11 月，人类学家迈克尔·布雷克（Michael Blake）等学者有关可可树历史的研究文章在《自然-生态学与演化》（*Nature Ecology & Evolution*）杂志上发表，研究发现南美洲居民驯化可可树的历史起于 5 450 年前的考古证据，并将起源追溯至南美洲亚马孙河的上游。尽管一直以来有关可可树的具体起源地的研究并没有确凿的结论，但正如前文所述，玛雅印第安人在中美洲建立了最早的大规模的可可树种植园。

回到 17 世纪晚期的巴洛克时代。经过超过一个世纪的传播，可可作为日常不可或缺的饮料已经在欧洲大部分国家风靡盛行，成为权贵阶层社交宴会、彰显身份时的必备饮品，欧洲市场对可可的需求量急剧上升。但是大多数人不知道的事实就是，种植与收割可可是一件十分精细的工作。在《巧克力鉴赏手册》中我们读到这样的描述：

“收割时，必须很小心地用弯刀把可可豆荚从树上割下来，确保不伤到树。因为这个时候，树皮上一个很小的伤口都很容易招致病虫害的侵袭。”

不幸的是，在当时可可的主要产区——以墨西哥和危地马拉为中心的亚马孙河地区，印第安劳动者们并没有掌握如何更好地处理和保存可可果实的知识，经常造成大量的可可果实在进入加工过程前腐烂。此外，生产可可是一个耗时耗力的过程，种植、采摘、干燥处理等每一个步骤均需要大量的劳动力。

衣着光鲜的欧洲皇室贵族每天优雅地小口啜饮着令人欢愉的可可饮料，而他们不知道的是，与此同时，为他们生产这些可可的中美洲印第安人由于传染病的爆发和西班牙人的奴役虐待而大量死亡。原住民劳动者对于这些从旧大陆带来的传染病毫无抵抗力，到了18世纪初期，美洲的印第安人口已下降至不足原来的十分之一。这场人口灾难带来最直接的影响之一就是，几乎所有可可种植园都失去了强壮有力的印第安劳动力，可可产量也随之大大缩减。

参与了西班牙在美洲的征服战争的一位士兵贝尔纳尔·迪亚斯·德尔·卡斯蒂略在其晚年的历史著作《征服新西班牙信使》中写道：

“让我们回到危地马拉和瓦哈卡之间的索科努斯科。1525 年，我曾在这里逗留了 8 或 10 天，当时这里有 1.5 万居民，每户人家都有自己的房子和可可树林。整个索科努斯科省就像一个巨大的可可园林，非常宜人。可现在，整个省都荒了，只有不到 1 200 户人家。”

在此之前，可可一直是美洲亚马孙地区多个国家至关重要的出口商品。而这场劳动力灾难在改变了可可树在全球地理分布和运输路径的同时，也使得中美洲在巧克力历史上的重要生产者地位一蹶不振。

这里不得不提起一位在巧克力历史中具有举足轻重作用的参与者——蔗糖。将巧克力引进欧洲的西班牙人天性喜甜，虽然在 16 世纪就已诞生出了在可可中加入砂糖、牛奶、香料等以改善口味与口感的制作方法，但当时甜味更浓郁的蔗糖尚未形成大规模生产，制糖工业也仅处于萌芽阶段。17 世纪晚期，甘蔗在南美洲大陆引种成功，蔗糖由稀少的奢侈品变成了大部分居民都可以消费得起的普通商品，热巧克力在蔗糖的作用下达到了甜与苦的完美均衡，更是极大地推动了巧克力在欧洲的普及。然而好景不长，原来作为蔗糖主要生产力的美洲原住民人口急剧减少，使得制糖工业与可可种植业在同一时期受到重创。

可可树是典型的热带植物，只能在南北纬 20 度之间的范围生长，而优质的可可树对温度、光照、水分等环境要求更是苛刻。甘蔗也是喜爱温热的作物，主要产于南北纬 25 度之间。欧洲人深知，在自己的地盘上大量种植生产可可和甘蔗是不现实的。因此，面临欧洲高涨不退的可可需求和美洲种植可可的劳动力危机，精明的欧洲殖民者发现了一条成本极低又可以招募大量劳动力的途径——从非洲运输黑奴。他们从欧洲出发，通过大西洋的帆船，把欧洲工业品（包括朗姆酒和枪支）贩到非洲，在当地掠夺（美其名曰“换取”）大量的奴隶并将其运送至美洲，压迫奴隶在当地的可可种植园内高强度劳作，以最低成本换取尽可能高的可可产出，从中牟取高额利润。由此便催生出了所谓的“三角贸易”。

到了 18 世纪早期，非洲奴隶已成为美洲可可种植业和制糖工业的重要劳动力。整个18世纪，英国在中美洲的殖民地巴巴多斯和牙买加分别接受了25万和66万非洲奴隶，专门用于生产蔗糖和可可。在加勒比海地区，尤其是海地，制糖工业迅速发展的同时，形成了巨大的“奴隶监狱”——曾经有过3万名白人和48万名奴隶一起劳作的纪录。在殖民地，铲除其他一切农作物，分别在可可园和甘蔗园单独耕种这两种植物，以获得更大的规模效益；同时由于其他粮食的停种，种植园主可以通过粮食供给来控制奴隶和工人，因为即使有人逃走或造反，在完全断绝粮食来源的情况下也无法生存。因此，殖民者和种植园主可以对奴隶进行完全的控制与压迫。我们可以说，是可可与甘蔗的种植与生产催生了奴隶贸易，让欧洲人积累了巨额财富。

罪恶的黑三角贸易延续了整整三个世纪。到了19世纪初期，在美洲与非洲之间的奴隶贸易达到顶峰，而可可作为典型的贸易品也借着奴隶贸易的路线正式从黄金海岸地区踏入了非洲大陆。1824年，葡萄牙人从巴西把可可树苗移植到了位于非洲西海岸几内亚湾的圣多美岛。在适宜的生长环境和丰富的劳动力供给下，可可树在当地快速生长和繁殖，直至19世纪末，可可都是圣多美岛的主要出口商品之一。后来，葡萄牙人又从圣多美把一些可可树苗移植到了赤道几内亚地区的比奥科岛。这里的可可产量更是喜人，不久便也开始大量出口可可。欧洲人发现非洲生产的可可豆品质绝不亚于其原产地，紧接着，英国、法国、德国也几乎在同一时期开始将可可树苗运送到它们在非洲的殖民地，先是非洲西海岸的科特迪瓦、加纳，再到尼日利亚、喀麦隆、刚果，最后甚至连与非洲大陆最东南部隔海相望的马达加斯加岛也开始大范围种植可可。

到了 20 世纪初期，全世界超过三分之二的可可都来源于非洲，而中美洲可可的发源地仅提供大约 1.5% 的可可产量。尽管美非两洲的可可产量差距悬殊，但不得不提的一点是，种植于中美洲地区的可可树大多数属于崔尼塔利奥品种，原产于加勒比海特立尼达岛，具有非常芳香浓郁的可可气味，但是植株存活率和可可果实的产量都很低；而横跨大西洋被运输到非洲的可可树面临地理环境和气候的差异，经过长期的自然选择，大部分变成了现在名为佛里斯特罗的品种，植株生命力强劲，单位种植面积的果实产量更高，但口味相对来源于美洲的“纯正血统”可可而言比较清淡，不够香醇。尽管如此，为了满足嗜巧克力如命的欧洲人日益增长的需求，非洲以其得天独厚的自然资源与地理位置优势成为全世界最主要的可可生产地与出口地，其中科特迪瓦与加纳产量最为丰富，在巧克力历史中占据着不可取代的地位。

3.4 食物还是药物

巧克力在16世纪的时候通过西班牙传入欧洲，西班牙人能够在欧罗巴大陆上率先品尝到这种令人心醉的甜点，与他们在大航海中的领先地位是分不开的。有趣的是，巧克力在传入欧洲伊始，有着药品与食品的双重身份。这一点，可以从诸多文献中得到佐证。这些书籍不仅记录下了巧克力的至臻美味，而且探讨了巧克力的药用价值——尽管很多药效至今仍未得到证实。

欧洲早期关于巧克力的记载大多散布在一些游记和医书中。路易斯·格里维特在一篇关于巧克力文化史的文章中提到了下面几种观点：（1）巧克力可以强身健体，增加性欲；（2）巧克力可以治疗某种特殊疾病的；（3）巧克力可能有某种程度的危害。

弗朗西斯科·埃尔南德斯（1577）写道，食用巧克力可以帮助瘦弱的病人增肥，从而提高他们的体力。

科尔梅内罗（Colmenero de Ledesma）（1631）同样在著作中提到，可可豆有利于人体健康，可以改善食用者的肤色，使之性情更加温和。与此同时，喝巧克力还会刺激性欲，促进女性受孕及分娩。亨利·斯塔布（Henry Stubbe）（1662）则认为，消费者应该通过每天喝可可饮料来缓解繁重的商业活动带来的疲劳，有加强心脏和促进消化的功能。此外，亨利还宣称巧克力与牙买加胡椒的混合物可以治疗月经失调。

德克勒斯（De Quélus）（1718）在著作中写道，喝巧克力能“修复疲惫的灵魂”，保持健康，延长老人的寿命。此外，他还认为一盎司巧克力的营养价值相当于一磅牛肉。安东尼奥·拉维丹（Antonio Lavedan）（1796）认为只有在早上食用的巧克力才是对身体有益的。他强烈警告人们不要在下午喝这种饮料。安东尼奥同样坚称巧克力可以使人保持健康并且延长寿命。布里亚·萨瓦兰（Brillat-Savarin）（1825）也在著作中提到，巧克力是一种“有益健康、令人愉悦的食物，营养丰富，容易消化，是解决咖啡带来的诸多不便的良药”。他建议：脑力劳动者适合食用巧克力，尤其是神职人员、律师和旅行者。他还推荐用混合了琥珀粉的可可来缓解宿醉带来的不良影响。

如果这种功效确实存在的话，正在熬夜加班中的你或许有了新的企盼。

下面的作者则把巧克力等同于药物，可以治疗疾病。

何塞·德阿科斯塔（José de Acosta）（1604）在著作中写道，在巧克力饮料中加入辣椒对胃部疾病有奇效。圣地亚哥·德瓦尔韦尔德·图里斯（Santiago de Valverde Turices）（1624）则宣称：大量饮用巧克力有助于治疗胸部疾病，而少量饮用的巧克力则是一种令人满意的胃病药物。托马斯·盖奇（Thomas Gage）（1648）描述了一种用黑胡椒制成的药用巧克力，用来治疗肝中寒症。盖奇写道：巧克力与肉桂混合可以增加尿量，是治疗肾脏疾病的有效方法。威廉·休斯（William Hughes）（1672）则称，肉桂或者肉蔻混合巧克力饮用可用来治疗咳嗽。他还认为巧克力能滋养身体，促进睡眠，并治愈“长期不吃新鲜食物的强壮的海员常患的脓疱、肿瘤和肿胀”这种类似于坏血病的症状。西尔维斯特·杜福尔（Sylvestre Dufour）（1685）在自己的著作中记录道：药用巧克力通常含有茴香籽作为成分，这种混合物被用来治疗膀胱和肾脏疾病。尼古拉·德布莱尼（Nicolas de

Blégny）（1687）则写道，巧克力与香草糖浆混合可以缓解肺部炎症，从而减轻“剧烈咳嗽”。

必须要予以澄清的是，这些早期的巧克力启蒙书籍并不是严谨的科学著作，而更像是经验总结。从这些书籍发表的时间也可以看出，这些大部分在近代自然科学发展之前的经验性陈述不一定有科学上的参考价值。因此读者需要学会甄别。

阿古斯丁•法尔凡（Agustin Farfan）（1592）在自己的著作中记录了巧克力作为强效泻药的功能。奥古斯特•圣阿罗曼（Auguste Saint-Arroman）（1846）报告说，巧克力虽然适合老年人和弱者，但如果被年轻人喝了是危险的。他发现了一种含有铁屑的医用巧克力配方，用于治疗女性的萎黄病。

与前面的文献类似，这些对于巧克力可能存在的危害的论述也是靠不住的——起码现代医学没有发现巧克力对人体产生不好的影响的证据——当然了，前提是你得吃得适量。

与上面这些人相比，狄德罗（见图3.3）的《百科全书》则对巧克力进行了较为专业的描述，不仅从心灵上而且从口感上对普通人进行启蒙。

德尼•狄德罗（Denis Diderot，1713—1784）是法

国启蒙思想家、唯物主义哲学家、文学家、美学家和翻译家。他出生于法国朗格勒，1729 年进入巴黎大学学习，并于 1732 年获得文学学士学位。

■ 图 3.3 德尼·狄德罗 路易斯·米歇尔·范卢绘于 1767 年（图片来源：维基百科）

哲学上，狄德罗早期受到斯宾诺莎的泛神论影响，是一个自然神论者。他一生提倡科学，曾因出版无神论著作《给有限的人读的盲人书简》而被教会关押三个月。他继承并发展了笛卡尔、洛克和拉·美特利的唯物主义，反对贝克莱和休谟的唯心主义与不可知论。

他的最大成就，便是以二十年之功主编《百科全书，或科学、艺术和工艺详解词典》（下文中简称为《百科全书》）。在编写此书时，狄德罗得到了包括伏尔泰、卢梭、霍尔巴赫、爱尔维修等多位著名学者的支持。狄德罗任主编，达朗贝尔任副主编。在编辑百科全书的过程中，形成了“百科全书派”。而《百科全书》，也成为 18 世纪启蒙运动的最高成就之一。

在《百科全书》卷二（1752 年）的第 495 ～ 502 页，

狄德罗提到了可可与可可树，说可可果实有一种迷人的酸味，可以缓解口渴。

他详尽地描述了可可树的传播路径以及种植方法，并从可可延伸到巧克力。他特别提到，在制作巧克力时会加入少量糖，以缓解酸味。除去制作巧克力，狄德罗还将目光放到了从可可中提炼出的油脂，认为可以帮助恢复精力，作为止痛药，作为解毒药缓解一些腐蚀性毒药，或是添加在一些药膏之中来治疗痛风和皮炎等。由此可见，当时的可可更偏向于“药用”的成分。

在卷三（1753 年）的第 359 ～ 360 页中，狄德罗较为关注的是巧克力饮料。书中说，通过添加糖和香料（主要是肉桂），西班牙人开始将可可制作成巧克力饮料。制作成饮料的手法并非西班牙人首创，而是由印第安人发明的，由墨西哥人传给西班牙人。但印第安人所使用的手法粗糙，制作出的巧克力饮料口感较为浓烈，并不能被大多数人所接受。西班牙人进行改良后，巧克力饮料开始进入大众的视野。狄德罗认为，主要原因是因为当时巧克力饮料价格十分便宜，十分适合赶时间以及旅行的人泡上一杯，或是加入自己的酒，抑或当作早餐的“配料”。

第四站

巧克力来到欧洲

我知道瑞典人更爱咖啡豆
但是我得到更好的一种豆
带着厄瓜多尔风
——《可可豆之香》米歇尔·梅南德斯

巧克力从粉状变为块状的历史之旅并不短暂。大航海把可可豆带到欧洲大陆，也把热可可的享用方法传给了殖民者。糖的加入使得热可可终于可以慰藉一下殖民者的味觉了，而把这种美味变成可可粉才是欧洲市场真正的敲门砖。善于发明创造的早期工业者并没有停留在此，可可粉到巧克力块儿是一个足以称得上是创世之举的里程碑。

今天的我们一想到巧克力，肯定是那方方正正的田字格形象，就如同蒸汽机对现代人的工业革命想象的影响一样，早期巧克力企业家就是用这样的创新塑造了之后几个世纪消费者对巧克力的认知。

4.1 可可饮料的统治时期

15 世纪中叶，欧洲船队出现在了世界各处的海洋上，开启了地理大发现的时代。可可作为这一时期的重大发现之一，最初是以可可饮料的形式进入欧洲的。可是，欧洲人真的可以普遍接受并喜爱这种外来饮品的口味吗？

阿兹特克人惯于饮用的可可饮料，只经过了最简单的加工：他们把烘干的可可豆放在石磨盘上，用石杵磨成糊状，再用凉水冲拌成可可液。最重要也最有特色的一步是，他们会用两个不同的容器，交替从高向低倾倒可可液，从而冲出泡沫。虽然泡沫可以在一定程度上减轻可可饮料的涩味，但这种又凉又苦的饮料实在无法取悦初次接触可可饮料的欧洲人的胃口。“这种饮料与其说给人喝，更不如说给猪喝。”品尝过这种原始饮料的意大利旅行家和历史学家吉罗拉莫·本佐尼（Girolamo Benzoni，1518—1570）给出了尖锐的评价。

擅长享受的欧洲贵族发挥了丰富的创造力。他们首先把可可冷饮变成了热饮，并理所当然地加入了能带来甜美滋味的砂糖，又添加了欧洲人更熟悉的肉桂、杏仁等香辛料，并保留了泡沫。相比新大陆的原始可可饮料，这种热可可更能被欧洲人广泛接受，此为如今常见的热巧克力饮品的雏形。17—18 世纪，下午茶文化在欧洲市民阶级中逐渐流行起来。咖啡店和巧克力饮品店在欧洲蔓延开来，为平民提供了交流、娱乐和享受休闲时光的场所，巧克力饮料也由上流社会专享的高级食物变成了大街小巷处处可见的平民消费品。

1615年的巴约讷（Bayonne），西班牙公主安娜（Anne of Austria）嫁给路易十三，巧克力饮品首先踏入法国。在路易十四统治期间，巧克力的消费变得普及，成为凡尔赛宫菜谱上的普及美食。然而，巧克力在一个世纪后才变成皇宫的风尚。路易十五（见图4.1）格外钟情巧克力的味道，甚至会在私人公寓的厨房里自己做起热巧克力饮品。

■ 图4.1　路易十五（图片来源：维基百科）

路易十五的热巧克力食谱一直保存至今，大家可以参考一下，几百年前贵族的风味跟现代的热巧克力有什么分别呢？其实，他的热饮配方会加入蛋黄，使得饮料更加香醇温润。

在咖啡壶里面放同样数量的巧克力棒和一杯水，并用小火煮一小会儿。准备食用时，把一个蛋黄分到四个杯子，在小火上面慢慢搅拌，不要煮沸。这个食谱最好要提前一天准备。每天喝的人应该为别的日子做的人留下少量的完成品作为调味用途。除了蛋黄，你也可以用打好的蛋清，但是请去除顶层的泡沫。从咖啡壶里拿一点点巧克力混合好，再倒入咖啡壶里去，然后如同用蛋黄的食谱一样完成。

路易十五的情妇杜巴里夫人（Mme Du Barry）同样喜欢这种奇特的饮料。那时候，巧克力饮料可以壮阳的属性特别受到人们的赞赏。同一时期，民间发明了第一台巧克力制造机器，并在巴黎建立好几个专业作坊。（见图 4.2）

■ 图 4.2 《巧克力杯》或《邦提耶维尔家族》
让·巴蒂斯特·夏邦提耶绘于 1768 年（图片来源：维基百科）

1770年，玛丽·安托瓦内特（Marie-Antoinette）与路易十六结婚。她入宫的时候带着她私人的巧克力制造商，正式头衔为“女王的巧克力制造商”（Chocolate Maker to the Queen）。为取悦贵族皇宫，工匠不断开发新的食谱，把巧克力与橙花、甜杏仁结合在一起。（见图4.3）

但是，即使经历了无数次调整和改进，巧克力饮料仍存在种种缺点。由于油水不相溶，巧克力饮料在研磨过程中很容易遇到油水分离的问题，甚至流失其中一部分，因此其制作工程非常烦琐复杂。即使能顺

■ 图4.3 巧克力馆，伦敦，1701年。
1655—1700年期间，英国开多家巧克力馆（Chocopubs）以供宫廷贵族消费。
（图片来源：维基百科）

利研磨成糊状，冲调时根据不同的研磨状况，有时要撇清表面油脂，有时又要加入淀粉、小麦粉、糖蜜等糊精防止油脂分离，非常考验制作者的手艺和经验。另一方面，为了消除涩味而保留的多泡口感，也会因为过于厚重而难以被部分消费者接受。巧克力在平民中的推广遇到了瓶颈，欧洲巧克力商人亟须进行技术变革。

4.2 压榨出真知的可可粉

18世纪60年代，工业革命在英国轰轰烈烈地展开，“蒸汽机”“煤炭”“钢”“铁”等都成为这个年代的代名词。由机器取代人力的革命极大地提升了生产效率，并推动了许多行业的大跨步前进。

1776年，詹姆斯·瓦特通过设计独立冷凝器对蒸汽机进行改良，制造出了具有实用价值的蒸汽机，开辟了人类利用蒸汽能源的新时代。与其他发动机相比，瓦特改良的蒸汽机具有更强大的动力和更好的适应性，极大程度地避免了能源浪费，从根本上提高了蒸汽机的功率、效率和成本效益。

随着火车隆隆的轰鸣声，蒸汽机走入了各行各业，让工厂老板们有机会随时随地生产电力，使工业生产摆脱了环境的限制。英国工业的非凡增长离不开瓦特蒸汽机的发明，瓦特蒸汽机也使大量的煤炭开采成为可能。

在工业革命时期，采煤业的高速发展令人啧啧称奇。煤在此时也已经成为主要的燃料，并且被广泛用于制糖业需要高温的工业之中。所以，随着工业革命的进行，糖的稀缺性大大降低，与此同时其成本也有所下降。

这种工业革命对巧克力制造工艺的影响却是在荷兰首先出现的。荷兰的范·豪登父子先后发明了“压榨脱脂”技术和“碱处理”技术，最终得到易混于热水且廉价的可可粉。

在这之前，可可饮料的配方和制作工艺相比刚引进时期已发生了巨大变化。虽然欧洲可可商人创造性地使用了泡沫、糖类、香辛料和调味剂，大大改善了可可饮料的口感和味道，但这仍然无法满足消费者挑剔的口味。如何制作容易冲调又适合市场的巧克力饮品呢？这个问题一直困扰着当时的巧克力制作商们。

那些喜欢吃巧克力的人，尤其是固体巧克力的人，都要给范·豪登（见图 4.4）道一声感谢。因为是他发明的技术，促进了固体巧克力的诞生。

■ 图 4.4 喀斯伯勒斯·范·豪登（图片来源：维基百科）

豪登是荷兰阿姆斯特丹的一位药剂师，他的父亲是巧克力行业从业者。自很小的时候起，豪登就协助父亲打理生意，并开始学习巧克力制作艺术。

老豪登在生产巧克力过程中，发现可可豆研磨和发酵过程中会产生醋酸、乳酸等酸性物质，这会给可可液带来酸涩的口味。如果不去除这股酸涩味，会对后续的制作和调味，甚至最终的销售，产生不利影响。过去的可可商人会在冲调过程中用泡沫弥补这一缺陷，因为起泡过程会使液体更多地接触空气，从而使酸性物质发生化学反应，但泡沫带来的厚重口感也不是每个人都能享受的。

为了解决这一问题，化学家小豪登尝试将一些碱性盐，即碳酸钾或碳酸钠加入可可液中，试图用酸碱反应来中和酸类物质。幸运的是，这一操作十分成功。碱处理不仅成功地中和了可可液的酸涩味，使风味变得更加柔和，还改善了可可的色泽以及相溶性，使可可粉的颜色更醇黑，更易溶于热水。

五年后，范·豪登父子又开始了新的思索，因为可可液中的可可脂是油性液体，由于油水不相溶，即使将可可豆研磨得再细碎，也无法解决油水分离的问题。

既然可可脂是可可粉难以溶于水的原因，那么能不能尽量去除可可中的可可脂呢？豪登父子发现从可可豆尖提取脂肪的步骤需要耗费大量的时间与资金，且效率低下。当时，提取可可脂肪有两种方式：一是将烘焙过的可可豆煮沸，使可可脂浮到水面，再将其撇去；二是将其冷冻，当可可豆变得非常坚硬时才能提取脂肪。然而这两种方式只能减少可可豆中的一部分脂肪。

这次，是老豪登做出了创新。他利用荷兰当地发达的风车动力系统，设计并制造了一种压榨机，通过加压的方法，将研磨后的可可液进行压榨，分离其中的可可脂。这种办法十分有效：压榨前的可可脂含量可高达 53%，而压榨后这一比例可减少到 27% ～ 28%。油脂分离后，细小颗粒状的可可粉在热水中更易溶化，脱脂的可可饮品也更易消化，风味上更柔和甜美。

1828 年，小豪登以压榨脱脂技术和碱处理技术为基础，申请了新型巧克力粉加工流程的专利。

脱脂可可粉迅速在欧洲大陆引发了一阵狂热的巧克力风潮。用豪登家生产的可可粉冲泡出的可可饮料，口味醇正柔和又不会油腻厚重，制作过程简单方便，用热水冲泡即可，还保留了可可的绝大部分保健作用。

正是由于豪登父子发明了去脂和碱化技术，普通民众才得以品尝到廉价美味的可可粉和可口的可可饮料。为了纪念他们，这一加工方法又被称为“荷兰制法”（Dutch Process）。

有趣的是，脱脂过程的产物可可脂，被老豪登卖给了其他糖果加工商。在随后的几百年里，可可脂被广泛应用于糖果制造业，成为生产巧克力糖果、巧克力奶油、巧克力冰淇淋、巧克力糖衣等各种巧克力口味食品的重要原料。近现代，可可脂的更多功效被发掘出来。作为润滑剂，它被应用于肥皂、沐浴露等洗护产品中；作为抗氧化剂，它又是一种天然而高级的化妆品原料。

如今，可可脂的身价水涨船高，早已远远超过了原本的目标产品可可粉，这一点恐怕是两百年前的豪登父子无法想象的。

蒸汽机的广泛使用和制糖业的飞快发展都为巧克力产业前进打下了坚实的基础，是巧克力的历史发展史中铺陈开来的壮阔大背景。

众所周知，可可的加工需要耗费大量的时间与精力。在此之前的很长一段时间里，中美洲及欧洲等地始终使用人力研磨巧克力。然而，随着人们对可可需求的提升，从业者们不得不思考提高制作效率的方法。沃尔特·丘奇曼（Walter Churchman）是布里斯托的一位药剂师，他想到，可以在研磨可可豆的石臼上安装水力涡轮，这样由水力替代人力，可以事半功倍。1729 年，他为此申请了专利，并获得了英国国王乔治二世（George II）授予的机械许可证。他的专利证书至今仍然保存在斯梅顿路的布里斯托档案馆。

另外一位对巧克力制造有所贡献的是美国化学工程师诺伯特·瑞利厄（Norbert Rillieux）。瑞利厄的父亲是美国路易斯安那州新奥尔良的甘蔗种植园主。他早年表现出过人的才智与对工程学的兴趣，于是被父亲送往法国巴黎接受教育，之后他选择留在巴黎教授工程学。兴许是受了童年经历的影响，瑞利厄发明了一种革命性的糖加工设备，在真空中加热蔗糖，并在加工过程中重新使用蒸汽。这台真空制糖机使制糖过程更加高效、快速与安全，用高效的机械加工方法取代了古老、费力、昂贵的手工制糖方法。

4.3 从可可粉到巧克力

1730 年，英国人曾写下这样一句话："没有时间制作热可可时，就咬一盎司的热可可块，之后喝下液体，让其在胃里混合。"这是"咬"热可可块的叙述，跟现代人所吃的巧克力并不一样。在范•豪登的突破后，一些巧克力企业开始准备利用这一技术向更高的领域迈进，其中就有两家英国大名鼎鼎的企业——弗莱伊与吉百利。

谈到固体巧克力，首先提到的是弗莱伊（Fry）家族，因为这个家族是固体巧克力的发明者，在巧克力发展历史上留下了自己浓墨重彩的一笔。虽然弗莱伊家族公司因掌管人变更而几易其名，但始终离不开"弗莱伊"这个响当当的名号。

约瑟夫 • 弗莱伊家族（Joseph Fry & Son）是英国工业革命期间最成功的企业家族之一，他们是教友派

（Quakers）的成员。18 世纪中叶，约瑟夫 • 弗莱伊在布里斯托定居，开始大规模行医。不过，他很快弃医从商，创建了一家巧克力生产企业，从 1759 年起涉足可可售卖行业，并不断强调可可对身体的有益功能。两年后，弗莱伊与约翰 • 沃恩（John Vaughan）合伙，从沃尔特 • 丘奇曼手中购买了水力涡轮机及其使用专利，创立了名为弗莱伊（Fry, Vaughan & Co.）的巧克力企业，并逐步将自己的巧克力生意推向更大的市场。

弗莱伊去世后，他的妻子安娜接过了他的事业棒，将公司改名为安娜 • 弗莱伊公司（Anna Fry & Son），并一直打理到他们的儿子约瑟夫•弗莱伊（Joseph Storrs Fry）继承企业。在安娜逝世后，约瑟夫 • 弗莱伊将公司重命名为弗莱伊公司（J.S. Fry & Sons），并把这个名号发扬光大。

在掌管企业的阶段，约瑟夫 • 弗莱伊完成了几项创举。例如，由于弗罗姆河（River Frome）的水力供应并不能保持稳定，他大胆地在工厂里使用瓦特蒸汽机来研磨可可豆。这一举动使巧克力生产过程发生了实质性的改变。另外，他也是第一个将工厂方法引入巧克力制作的人，他还发明了可可豆烘焙机，尽管这个发明后来被他置之不理。

1822 年，约瑟夫 • 斯托尔斯 • 弗莱伊的三个儿子小约瑟夫 • 弗莱伊（Joseph Fry）、理查德 • 弗莱伊（Richard Fry）和弗朗西斯 • 弗莱伊（Francis Fry）成为了企业合伙人。三兄弟中个人色彩最鲜艳的是弗朗西斯 • 弗莱伊。他的职业涉猎范围非常广泛。除了担任自家巧克力公司的董事外，他也从事与瓷器、铸字、自来水厂和铁路等相关的工作，还热衷于收集旧圣经。

到 1824 年，弗莱伊公司所使用的可可豆占到英国进口可可豆的 40%，销售额也一路高歌猛进，达到了 12 000 英镑。弗莱伊公司的运营风格也有非常简朴的特色——他们每天都以一场包括吟诵圣歌和静默冥想的集会来开启工作。

约瑟夫 • 弗莱伊在 11 年后去世，他的三个儿子正式接手公司，并做了许多进一步的创新。他们尝试了很多方法来改进巧克力的制作过程，如往可可中添加竹芋粉来吸收可可中的油脂，由此制造出了一种名为珍珠可可（Pearl Cocoa）的巧克力。珍珠可可是一种相对而言更加便宜的产品，为那些不太富裕的家庭打开了巧克力的大门。另外，为了制造出口感更好的巧克力，他们还生产了更加精细的可可粉。

弗莱伊公司最著名的创新出现于 1847 年，那就是世界上最早的批量生产的固体巧克力。

1847 年，弗莱伊公司的工人发现，用去脂过程的副产品可可脂代替热水，可以把可可粉和糖充分混合，这个发明成为弗莱伊公司的一个里程碑，因为使用融化的可可脂制作出的巧克力浆更稀薄，黏性更低，更容易倒进模具中，这就诞生了世界上第一块真正可食用的巧克力。

弗莱伊公司称这样制作而成的巧克力为“Chocolat Délicieux à manger”，意为“用于食用的美味巧克力”。之所以使用法文，是因为当时带有法文名称的食品总显得高人一等。

1849 年，这种新型巧克力在伯明翰展售，受到消费者的热烈欢迎。可可脂的价格水涨船高，弗莱伊公司也因此开始壮大。到维多利亚时代后半期，弗莱伊家族已经成为世界上最大的巧克力制造商，成为皇家海军巧克力和可可的独家供应商，并让皇家海军慢慢脱离了对烈性酒的依赖。

随后，弗莱伊巧克力奶油也成功上市，成为公司最受欢迎的产品之一。26 年后，弗莱伊公司在英国生产出了第一个巧克力复活蛋，同样引起了轰动。

同时期，弗莱伊公司有个最大的竞争对手——吉

■ 图 4.5　弗莱伊五个男孩巧克力（Fry's Five Boys Chocolate）（图片来源：Flickr）

百利。吉百利的创立者约翰·吉百利（John Cadbury）也是贵格会成员。1824 年，吉百利在伯明翰开了一家咖啡茶馆，同时也出售巧克力饮品。之后不久，吉百利家族就开始扩张他们的巧克力事业。1853 年，他们突然出击，成为维多利亚女王的皇家巧克力供应商。1866 年，吉百利迎来了最辉煌的商业成就。约翰·吉百利的儿子乔治赴阿姆斯特丹，带回了范·豪登机器的模型。同年，吉百利就推出了自己的可可粉商品，商标为“吉百利的可可精华”。两年后，吉百利推出了第一份“巧克力礼盒”，里面装着巧克力糖果，包装上是约翰的女儿杰西卡抱着一只猫咪的画像，而这一画像也确实让销量大涨。约翰还发明了一种“情人节甜品礼盒”，是“亲吻”（Baci Perugina，意大利语）礼盒的前身。

在吉百利与弗莱伊激烈竞争的时候，巧克力糖果业已成为英国、欧洲大陆和美国的巨大产业，可可粉也被越来越广泛地使用。许多糖果制造商开始生产自己的巧克力，用液状巧克力制作甜品的糖衣。可可粉作为调味料也在其他甜品中广泛使用。

巧克力的流行所带来的商机也很快导致了市场的混乱，巧克力粉的质量逐渐变得难以得到保障，开始出现巧克力掺假事件。

其实，维多利亚时代有很多食物掺假的记录，连城市贫困阶层赖以生存的面包和茶也未能幸免，而且最初这些行为并没有被法律有效地规范。由于巧克力的需求不断上涨，自然成了许多毫无道德底线的生产商和贸易商的目标。1815 年，法国商人在可可粉中掺入米粉、扁豆粉和土豆粉等。当时的文献记录了这种乱象。1846 年，费城的一本杂志上发表了一篇法语论文的译本，作者愤怒地指出在巧克力中掺入土豆淀粉的现象，并介绍了碘酒等鉴别方法。在《巧克力：一部真实的历史》中记载了一位法国作家在1875年通过文章指责两种法国常见的巧克力掺假做法："其中第一种做法是将昂贵的可可脂完全提取出来并重新出售，然后用橄榄油、甜杏仁油、蛋黄、牛板油或羊板油代替可可脂，这样做出来的产品很快会散发出陈腐的气味。第二种做法是加入其他原料，如随处可见的土豆淀粉、面粉或大麦粉，或者可可豆壳屑、树胶、糊精，甚至砖屑。"

当时还出现教消费者如何辨别巧克力的窍门，在1870年一本名为《甜品书》的小册子中有这样一段话：

> 好多人以为好的巧克力会变稠。这不见得是真的，只因巧克力里面掺有粉末而变稠。如果把巧克力压碎的时候，有像砾石的质感；如果在嘴里面融化的时候，没有留下清凉爽口的口感；如果加入热水的时候，巧克力变得又厚又黏，冷却后会变成黏糊糊一坨的话：那么巧克力便是掺入了淀粉或性质差不多的物质。

最终，政府终于有所行动。

1850年，英国医学杂志《柳叶刀》声称建立了一个食品分析委员会，将巧克力进行了抽样检验，而检验的结果也证明了当时人们对巧克力纯净性的怀疑并非没有道理：70个样品中有39个都被检测出有砖屑中的红赭土，且样品中大多数都含有土豆淀粉，或者是大甘蔗和竹芋粉这两种热带植物的淀粉。法国对巧克力的检测结果也大同小异。这一调查结果促使英国于1860年和1872年先后订立了《食品和药品法令》及《食品掺假法令》。

这一掺假风波也影响到了我们提到的两家巧克力公司，甚至改变了吉百利与弗莱伊长期以来分庭抗礼的局面。当时，吉百利被卷入这场丑闻，连乔治·吉百利也承认在其产品中掺入了淀粉和面粉，但很快又在广告中辩称，称自己的产品是唯一纯净的巧克力。（见图4.6）与吉百利不同的是，弗莱伊公司遭到了更严重的打击，坐上了被告席，甚至从此节节败退。与此同时，吉百利开始在巧克力包装上标注准确的各原料的百分比，在此倡议下，“绝

■ 图4.6　1885年吉百利的印刷广告提出自己的巧克力一定是百分之百纯正的（图片来源：维基百科）

对纯净，无与伦比”成了吉百利逆势出击的口号。

到 1897 年，即维多利亚女王钻石婚时，吉百利已在销量上超越弗莱伊，而昔日的霸主弗莱伊从此一蹶不振。这两家在可可粉发明后迅速成长起来的巧克力霸主的竞争也暂时告一段落。

第五站

美味工业革命——瑞士传统

瑞士巧克力女神
貌美如花
甘之若饴
——《瑞士巧克力女神》 瑞 · 罗西欧

说到巧克力，你脑海中第一个想到的国家是哪个？“瑞士”可能是很多人的答案。瑞士，一个远离可可生产地，面积又小的国家，为何能成为巧克力大国并享誉全球？这都得归功于瑞士古老的巧克力生产传统，直到今天，源自瑞士的牛奶巧克力塑造了消费者心中对“巧克力”的基本认知。

19 世纪中后期，瑞士巧克力产业主要生产原始的黑巧克力，并以国内销售为主，在戴维·皮特（David Peter）和鲁道夫·林德（Rodolphe Lindt）发明了牛奶巧克力和软糖型巧克力后，瑞士利用本国牛奶产量的比较优势，开始把触角伸到欧洲各国，丝滑香甜的瑞士牛奶巧克力得到了各国食客的认可。直至 20 世纪初，瑞士仍是世界上唯一一个生产牛奶和软糖巧克力的国家，这种先发优势让瑞士保持着巧克力产业中的翘楚地位，并逐步国际化，在欧洲各地设立工厂。

随着需求的快速增长，市场竞争趋于激烈，传统的生产模式已不能满足市场需求，为提高生产效率，瑞士巧克力工厂积极改善工业设备、提高生产技术。为迅速融资，各企业纷纷进行股份制公司改革。为获取市场，企业之间打起花哨的广告战，这些都促使瑞士巧克力制品出口额快速增长。从 1890 年到 1906 年，在原材料可可豆成本基本不变，牛奶成本正常浮动的情况下，巧克力总出口额翻了 10 倍有余，逐渐接近瑞士国内销售额（约 2 000 000 瑞士法郎，1906 年）。

表 5.1　瑞士巧克力出口额（1895—1906 年）

年份	巧克力制品总出口额（瑞士法郎）	巧克力出口额（瑞士法郎）	可可和可可粉出口额（瑞士法郎）
1890	85 331	78 469	6 862
1895	150 509	129 956	10 533
1900	434 599	403 645	33 114
1906	1 453 195	1 367 303	85 492

资料来源：Farrer A.（1908）.“The Swiss Chocolate Industry”，*The Economic Journal*，Vol.18（69），pp.110-114.

1906 年起，瑞士巧克力产业的激烈竞争格局被日益提高的成本所改变。由于巧克力的重要原材料之一牛奶在其他行业中的应用和消费大幅增长，牛奶的价格突然上涨，其后，可可、可可脂、锡箔纸、人工成本都显著上涨，搅动了整个瑞士巧克力市场，行业内的企业纷纷寻求联合。在 1907 年，大部分的瑞士企业共同建立起辛迪加联盟，意图联手控制市场，逐步提高巧克力售价，管理零售商折扣，并降低广告费率。

全国性联盟的建立使得瑞士巧克力产业在欧洲巧克力行业的竞争力和地位进一步提高直至称霸。瑞士的巧克力对于整个巧克力行业的影响是巨大的，无论是口味上还是工艺上，今天欧美的巧克力品牌大部分也是延续着瑞士的牛奶巧克力传统。“巧克力”成为了瑞士的一张国家名片。

5.1　巧克力风云谱

缔造瑞士巧克力伟业的并非一人之功，而是一个巧克力企业家群体。他们先后出现，共同铸造起一个瑞士巧克力丰碑。

■ 图 5.1　苏查德巧克力（图片来源：维基百科）

瑞士巧克力业的首位缔造者是菲利普·苏查德（Philippe Suchard）。（见图 5.1）

苏查德 1797 年出生在瑞士的小村庄布德利（Boudry），六年后，他在伯尔尼（Bern）哥哥的杂物店中担任学徒糖果员。1824 年，苏查德离开瑞士去美国，一年后回到纳沙泰尔（Neuchâtel）开设了一家糖果店。

1826年，他买下了位于纳沙泰尔塞尔里埃镇（Serrières）的一座空磨坊，建立了自己的巧克力工厂，附近的水力发电恰好可以满足他的工厂运转需求。这间磨坊以一个热的花岗岩圆盘为基，使用数个花岗岩滚筒，前后碾压以制造巧克力浆，这个设计沿用至今。

巧克力在当时并不便宜，苏查德并不能很快赚钱，但在1842年，属于他的机会终于来了。普鲁士皇帝威廉四世下了一大批订单，因为他同时也是纳沙泰尔的统治者。这件事让苏查德一下子成名。随后，好事接二连三地发生。在1851年伦敦举办的第一次世界博览会上，苏查德荣获了很多奖项；四年后的巴黎世界博览会，苏查德同样收获颇丰。当铁路于1860年到达塞尔里埃时，他的业务得到了更大的推动。19世纪末，苏查德已经成为瑞士最大的巧克力制造商。

值得一提的是，苏查德似乎对水利充满了兴趣，不仅自己发明了一艘蒸汽船，并在纳沙泰尔湖上驾驶，他对于利用水利和控制洪水的兴趣也让纳沙泰尔湖的水位下降，降低的湖岸线揭示了凯尔特人的拉特诺（La Tene）定居点，其历史可追溯到公元前450年左右，为欧洲铁器时代文化补上浓墨重彩的一笔。

苏查德的产品仍然是深色粗糙的糖果，没有添加任何牛奶，但他的目标是使其营养丰富且价格合理。苏查德的女婿于1880年在瑞士边境德国一侧的罗拉赫建立了第一家苏查德巧克力工厂，并在1901年创造了妙卡（Milka）巧克力，以紫色奶牛作为品牌标志，象征其牛奶成分。这种巧克力虽然起源于瑞士，但风靡德国。以至于在20世纪末进行的一项调查显示，过半的德国学前儿童认为奶牛是紫色的。

在瑞士巧克力历史上，苏查德巧克力之所以留下了浓墨重彩的一笔，除了不断扩张的工业化生产规模，适时而变的供应链模式特别是渠道网络也是其制胜的一大原因。

最初苏查德公司只负责生产环节，通过独立的地区代理与面包店、百货商店、消费者合作社等零售商合作，不直接接触消费者。19世纪90年代，为了增加公司的控制力和议价权，苏查德进行供应链的垂直整合，对于上游，苏查德收购了可可豆的种植园；对于下游，苏查德挑选部分代理商，将其转变为隶属于公司的库存点，创立连锁品牌；他们还与瑞士铁路系统合作，通过公司的旅行销售员深挖市场，类似于如今的直销模式，旅行销售员驾驶四轮车进行销售。第一位旅行销售员卡尔·鲁斯（Carl Russ）后来成为公司的董事长。

1900年，旅行销售员成为公司和市场之间重要的中间人。旅行销售员是重要的信息来源，十分了解消费者行为和市场竞争者的变化，能够帮助公司监控产品、控制零售商、指导广告宣传。

凯勒（François-Louis Cailler）出生于瑞士一个叫维威（Vevey）的小镇，当时维威已经是七个巧克力工厂的所在地，是瑞士及欧洲巧克力生产的枢纽，因此小时候的凯勒就已经在当地的集市上品尝过许多意大利巧克力。长大后他来到意大利的都灵，并在这里度过了四年的时间，学习巧克力制作技术。回到瑞士后，他于1819年在维威附近的考瑟尔（Corsier）建立了一家巧克力工厂。1825年他开设了第二家工厂，后来转给了他的儿子尤里安（Julian）和女婿丹尼尔·彼得（Daniel Peter）。

凯勒的伟大创新是开发了可以制成条状的巧克力，这是世界巧克力史上的大事件。1875年，丹尼尔·彼得想到了将巧克力与邻居亨利·内斯特（Henri Nestlé）的炼乳混合制成牛奶巧克力的想法，发明了牛

■ 图 5.2　1907 年的凯勒巧克力商铺（图片来源：多伦多大学费舍尔图书馆）

奶巧克力。1898 年凯勒的孙子亚历山大（Alexandre-Louis Cailler）在布洛克（Broc）开设了一家新工厂，并开始大规模生产牛奶和榛子巧克力。1904 年凯勒公司与榛子巧克力的发明者查理·阿梅迪科勒家族公司（Charles-Amédée Kohler）合并，组成一家大的公司。

凯勒家族于 1937 年发明了一种叫瑞恩（Rayon）的巧克力棒，这种巧克力棒含有蜂蜜，上面布满气泡，口感松脆。1929 年，凯勒公司被制造业巨头雀巢收购，成为雀巢的一部分。

尽管雀巢是瑞士最大和最著名的工业公司，但它的起源既不是巧克力，也不是瑞士。其实，瑞士工业史上的重要人物通常都是移民或难民，因为他们把一切都抛在了身后，不会有损失。不仅如此，由于他们的不同信仰经常不被当地所接受，只能在社会边缘行业工作，获得尊重和认可的唯一途径就是通过成就。这就是海因里希·内斯特（Heinrich Nestlé）的人生轨迹。

内斯特 1814 年出生于德国的法兰克福，他在家中十四个孩子中排行第十一。在 1834—1839 年间，他来到瑞士，逃避政治迫害。1839 年，年轻的内斯特开始在维威工作，担任药剂师马克·尼古拉耶（Marc Nicollier）的助理。尼古拉耶对内斯特起了决定性的影响，内斯特很快将自己的名字改成了法语名字，并表现出了对创新的好奇心。在这位雇主的指导下，内斯特了解了当时迅速发展的化学方法。实际上，尼古拉耶不仅帮内斯特学习了化学知识，还帮助内斯特融入了维威地区，并最终创建了独立的事业。

1843 年，内斯特进入当时最先进的油菜籽生产行业，同时也生产用于燃油灯的坚果油、利口酒、朗姆酒、苦艾酒和醋等产品，还制造和销售碳酸矿泉水和柠檬水。之后的欧洲食品危机让他放弃矿泉水的生产，转而关注煤气照明和肥料。在他 30 岁生日来临之前，有点经营才能的内斯特已经从一家工厂的助理跃升为独立经营者。

内斯特也售卖奶粉等儿童食品。尽管内斯特夫妇没孩子，但他知道当时很多婴儿由于营养不良，死亡率很高，而新鲜牛奶对于城市居民并不是很容易获得，社会地位高的人又把哺乳看作是不合乎礼仪的行为。内斯特把牛奶、谷物和糖混合后制造出牛奶替代品。他和自己的营养学家朋友把这种牛奶产品变得更利于婴儿消化，产品很快销售到整个欧洲大陆。

这种牛奶技术也使得内斯特的邻居丹尼尔•彼得的牛奶巧克力配方成为一种可能，因为若没有这种技术，将牛奶加入巧克力会让巧克力变酸。1879 年两人联合创立了雀巢公司。

其实，丹尼尔•彼得与糖果没有任何关系。他的父亲是穆顿（Moudon）的一名屠夫，彼得原来在杂货店和蜡烛厂当学徒，但由于煤油灯的普及，蜡烛受到了很大的冲击。

实际上，是爱情使彼得走上了巧克力之路。1863 年，他与巧克力制造商凯勒的大女儿结婚。此后不久，他在里昂的一家巧克力工厂完成了实践课程，并采用了岳父的姓氏，创立了巧克力公司。

该公司在最初的几年中苦苦挣扎，但后来彼得发明了牛奶巧克力饮品，并于 1875 年成功生产了第一批粉末状的牛奶巧克力产品。13 年后，他发明了巧克力棒，并以格拉·彼得（Gala Peter）（见图 5.3）的名义销售。

他以“彼得的原始牛奶巧克力”之名在英国市场推出产品，获得了博览会金牌。1911 年，彼得将其事业与岳父的家族企业合并，因为合并后的公司将为其进入国外市场提供入口。后来，内斯特接管了公司最初的业务，并于 2002 年完全接管了该公司。

■ 图 5.3　1905 年格拉·彼得（Gala Peter）巧克力广告（图片来源：维基百科）

在瑞士风云谱中最为知名的可能就是巧克力加工机器“海螺”的发明者鲁道夫·林德。

1879 年，伯尔尼药剂师的儿子鲁道夫·林德在一个星期五晚上由于太过劳累，忘记关闭他的水力搅拌机。到星期一他返回工厂时，发现机器里流出一种巧克力混合液,流动性极好,不再需要费力地压入模具中，至此，让巧克力口感变软的配方就诞生了。林德使用的这台制造出光滑巧克力的机器叫“海螺”，该机器使巧克力具有柔和的口感，又在口中可以融化，克服了之前巧克力坚韧而又易碎的缺点。

在偶然发现这项重要的创新后，林德将他的商业秘密隐藏了多年，直到 1899 年才同意史宾利巧克力股份有限公司（Chocolat Sprüngli AG）的并购请求，共享“海螺”，而后者是瑞士历史上著名的巧克力家族企业。

史宾利家族企业的起源可以追溯到 1836 年。大卫·史宾利（David Sprüngli-Schwarz）在瑞士苏黎世买下了一家糖果店,并于 1845 年建立了史宾利家族糖果公司（Confiserie Sprüngli & Fils）。从 1845 年开始，这家公司逐渐成为瑞士巧克力行业的领先者。由于公司产品受到广泛欢迎，公司开始逐步扩张，并建立了分店。大卫・史宾利退休后，公司交给了鲁道夫•史宾利，并逐步确定了生产高品质商品的经营策略。1892 年鲁道夫・史宾利退休，将史宾利家族糖果公司拆分成了两个公司，并分别交给自己的两个孩子。小儿子大卫・罗伯特・史宾利（David Robert Sprüngli-Baud）专注于手工生产，并继承了公司的两个营业门店，最终成立了今天的史宾利糖果股份有限公司（Confiserie Sprüngli AG）；大儿子约翰・鲁道夫・史宾利则专注于工厂化生产，继承了父亲的巧克力工厂，并成功并购了鲁道夫•林德的工厂，获得其巧克力配方，最终成立了今天的林德与史宾利巧克力制造股份有限公司（Chocoladefabriken Lindt & Sprüngli AG）。

接手了两家糖果店的小儿子大卫・罗伯特・史宾利以两家门店为基础，以手工生产为中心，谨慎扩张。实际上，很难说清工业化生产的巧克力与手工生产的巧克力究竟会有多大区别。但可以肯定的是，不论是从资本积累的角度还是从生产率的角度，工场手工业生产的扩张速度都很难超过工厂大工业。另外，大卫•罗伯特・史宾利的公司除了生产售卖巧克力，还在门店里提供巧克力等食品餐饮服务。事实上，参考公司官网的资料，选择手工生产的史宾利糖果公司一个世纪以来的大部分扩张都集中于营业门店的装修与更新。公司直到1960年才由于店面空间问题将生产工厂转移至迪特肯（Dietikon），并自1970年开始在瑞士境内开设新门店，选址主要集中于购物中心和交通枢纽。直到2014年，公司才在迪拜开设了第一家瑞士境外的门店。

大儿子约翰•鲁道夫•史宾利接手了巧克力工厂后，则开始大规模扩张。就劳动力层面来说，机器大工业使得手艺不再是生产的重要制约因素，这使得生产的扩张不需要先雇用更多巧克力师傅，而只需要足够的资本来购置更多的机器、厂房，以及附庸于机器的产业工人。而关于资本方面，约翰•鲁道夫•史宾利将公司由个人所有制改制为股份制，更名为史宾利巧克力股份有限公司，方便公司进行融资。这些劳动力、资本的因素都促进了公司的进一步扩张。

除此之外，成功并购鲁道夫•林德的工厂与巧克力配方也使得史宾利巧克力股份有限公司更加具有竞争力。1899年，公司与鲁道夫•林德成功达成协议，买下了后者的伯尔尼工厂以及巧克力秘方；这也是鲁道夫•林德在收到多份并购意向后首次同意共享公司的巧克力生产方法。在1880年代中期，鲁道夫•林德面临工厂产能不足、资金不足、机器/设施老旧等问题。或许鲁道夫·林德并不愿意与史宾利家族合作，但他当时也许并没有太多选择。在并购完成后，林德家族成员加入了公司管理层，公司更名为伯尔尼与苏黎世联合巧克力制造股份有限公司（Aktiengesellschaft Vereinigte Berner und Zürcher Chocoladefabriken Lindt & Sprüngli）。

然而并购后的重组工作并不顺利。一方面，公司在瑞士基尔希贝格的新工厂建设占用了大量流动资金，导致一度无法支付股利。另一方面，林德家族与史宾利家族在公司管理的一系列问题上分歧重重，导致在苏黎世的"史宾利系"分支和在伯尔尼的"林德系"分支几乎是在平行运作。1905 年，合作破裂，林德家族成员退出公司，但"Lindt"这个如今闻名世界的商标的使用权经过一系列法律诉讼，最终留在了史宾利巧克力公司。在中国，"Lindt"巧克力常被称为"瑞士莲"（见图 5.4）。

林德与史宾利巧克力公司抓住了 20 世纪初期国际自由贸易的机会，进行了大幅度的扩张，尤其是出口部门。以 1915 年为例，当年公司生产商品的大约四分之三都用于出口，出口目的地涉及全球二十多个国家。

■ 图 5.4　如今的瑞士莲巧克力（图片来源：Pixabay）

但这种出口依赖型的产能扩张受制于国际贸易，风险也较大。20 世纪上半叶，世界局势并不稳定。贸易保护主义措施阻碍了国际自由贸易，美国大萧条的爆发更是使得世界贸易秩序几乎瘫痪。

两次世界大战的发生也阻碍了公司的跨国经营，一方面阻碍公司原材料进口、制成品出口，另一方面也使得母公司难以建立国外子公司。第二次世界大战造成了可可等原材料的进口困难以及随之而来的价格上涨，公司经营变得更加困难。在这种困境中，决策者面临多重选择：或者降低产品质量以抑制价格，从而保证销量，但是品牌形象可能遭到毁灭性打击；或者保证产品质量，保卫品牌形象以保障品牌的长期发展，那销量将会大幅下降。

最终，公司决定以保证巧克力质量为第一目标，保持自 19 世纪建立起来的品牌形象。当然，这也导致了产品销量自 1919 年到 1946 年都没有增加。最终，公司成功存活了下来，品牌形象不仅得到了保存，还得以延续。公司也在经济转暖的过程中得到了长足发展。在这个过程中，公司研发了系列新产品，并在海外设立子公司，并购当地巧克力品牌，成为如今全球最著名的巧克力品牌之一。1994 年母公司更名为林德与史宾利巧克力制造股份有限公司（Chocoladefabriken Lindt & Sprüngli AG），进入了全新的历史发展阶段。

可以说，瑞士巧克力制造的最初成功归因于成本和质量，以及偶然机会中的产品创新。但在后来，由于国际旅游业的兴起，瑞士在 19 世纪末成为世界各地富人争相前往的旅游目的地。这些富人们学会了欣赏瑞士巧克力，并在本国传播其声誉。最迟到 1900 年，全世界巧克力出口量中至少三分之一来自瑞士。

至今，巧克力仍是瑞士人民的“必需品”。2015 年，瑞士国内人均巧克力消费量是每人 11.1 千克，其数量之巨大引起了学者的研究兴趣，有学者甚至认为巧克力的消费量与诺贝尔奖之间存在正相关关系。虽然这一论断被其他学者质疑，但从中我们不难看出瑞士人对巧克力的热爱。

直至现在，瑞士巧克力销售额仍是世界第一。巧克力成为瑞士形象的三大标签（钟表、银行、巧克力）之一，共同塑造了瑞士的“工匠精神、臻于完美、严谨投入”的国家形象。

5.2 巧克力中的元老与新贵

到这儿为止，我们今天可以吃到的几乎所有种类的巧克力都出现了。

说到巧克力，我们脑海里可能出现各种各样的词汇：黑巧克力、牛奶巧克力、夹心巧克力、榛果巧克力……但按最基本的分类，巧克力可以被分成三类：黑巧克力、白巧克力和牛奶巧克力。根据我国 2016 年发布的《巧克力及巧克力制品（含代可可脂巧克力及代可可脂巧克力制品）通则》，如表 5.2 所示，黑巧克力的总可可固形物含量必须占 30% 以上，其中可可脂含量必须占 18% 以上，非可可脂固形物含量必须占 12% 以上。而牛奶巧克力总可可固形物必须在 25% 以上，其中非可可脂固形物含量必须在 2.5% 以上。白巧克力的可可脂含量必须占 20% 以上。而联合国制定的

CODEX 标准更为严苛，黑巧克力的含量必须不小于35%，其中的可可脂含量不小于 18%，无脂肪可可固体含量不小于 14%。其中，如果代可可脂的含量在 5%以上的，就不能被叫作巧克力。

表 5.2　国内巧克力的成分及理化指标

项　　目	巧克力		
	黑巧克力	白巧克力	牛奶巧克力
可可脂（以干物质计）/（g/100g）≥	18	20	—
非脂可可固形物（以干物质计）/（g/100g）≥	12	—	2.5
总可可固形物（以干物质计）/（g/100g）≥	30	—	25
乳脂肪（以干物质计）/（g/100g）≥	—	2.5	2.5
总乳固体（以干物质计）/（g/100g）≥	—	14	12

资料来源：《巧克力及巧克力制品（含代可可脂巧克力及代可可脂巧克力制品）通则》。

黑巧克力（Dark Chocolate）（见图 5.5）可以说是最具有“巧克力味道”的巧克力。黑巧克力通常不含有牛奶成分，糖类含量也比较低，因此可可的香味会保持得更加醇正。当黑巧克力在口中融化后，可可的芳香会在口齿间溢留许久。根据黑巧克力中所含有

■ 图 5.5　有利于健康的黑巧克力（图片来源：Unsplash）

的可可固形物含量的不同，味道会有差异。100% 的巧克力完全没有糖分，味道非常苦，多用来烹调食物。但对于狂热的巧克力迷，这种苦味则是他们味蕾里独特的、不可或缺的记忆。一般来说，可可固体含量在 75% 以上的巧克力的可可味会更加香浓，但同时会具有一定的苦味。对于喜欢吃甜味食品的人来说，也许这不是他们的最佳选择。而可可含量介于 50% ～ 70% 的巧克力则兼具可可香味与甜味。当可可含量小于 50% 时，甜味就会占主导地位了。

很多人认为巧克力是一种不健康的食品，其实这是一种误解。为什么巧克力会被贴上不健康的标签呢？这大概源于对巧克力糖果的印象。巧克力糖果不同于巧克力，它含有大量的糖分和脂肪，确实不属于健康食品的行列。实际上，对黑巧克力的适量摄取有助于保持我们身体的健康。黑巧克力中天然抗氧化剂和多酚的含量较高，对心血管具有保护作用。同时，多酚还具有抗衰老、降低血压的功效。巧克力中还含有黄酮物质，能调节人体免疫力。黑巧克力实属于健康食品的行列，看来是时候为巧克力“正名”了！

牛奶巧克力是由瑞士人发明的，在黑巧克力的基础上添加一定量的牛奶成分。虽然加入牛奶后，味道可能比黑巧克力少了一些“微妙之处”，但可可的浓香与牛奶的醇香的结合又何尝不是天作之合呢？相比于黑巧克力，牛奶巧克力的可可味道更淡一些，但同时也更加甜蜜。

白巧克力的主要原料是可可脂、糖和牛奶，不含无脂肪可可脂固体。因此，白巧克力相比其他两种巧克力口感可能更加黏滑，也会更甜一些。

除了以上三种巧克力的基本分类，拥有无穷创造力的人类还发明了其他各种各样的巧克力糖果。夹心巧克力（见图 5.6）就是深受人们喜爱的其中的一种。夹心巧克力是指里面包有内容物的巧克力，如果酱、

■ 图 5.6　美味的夹心巧克力（图片来源：Unsplash）

果仁、鲜果、酒心等。试着想象一下，轻轻咬下一口夹有伏特加酒的酒心巧克力，巧克力在口齿间融化，伏特加慢慢流出，巧克力的香浓随即转成伏特加烈焰般的刺激，那是一种多么奇妙的搭配啊！

坚果巧克力是由巧克力包裹干果制成。此类巧克力除了能品尝到巧克力的丝滑外，还有另外一种由酥脆的坚果所带来的咀嚼的快感，为巧克力爱好者们带来另一种别样的体验。此外，果仁的味道还能中和掉巧克力的甜腻。

你是否听说过军用巧克力？巧克力是一款高热量的食品，比如我们日常食用的 70% 的黑巧克力热量大约是 560 卡路里。随着可可固体含量的提高，热量会有所上升，且小巧便于携带，是理想的应急食品。但要作为军用巧克力，仅仅富含高热量和方便携带是不够的，还要耐高温。然而巧克力所包含的可可脂的熔点大约是 34℃～ 38℃，接近体温，含入口中后可以很快融化，我们常常用“入口即化”这个词形容巧克力的口感也是源于这一点。但军人的训练和作战环境通常都很恶劣，假如是普通的巧克力很容易在高温的环境下融化。1937 年，美国军方委托好时公司生产一款军用巧克力。军需官洛根上校对好时公司提出的要求是：重 4 盎司（约 110 克），高热量，抗高温。洛根认为，如果军用巧克力好吃，士兵们会随意使用，因此口感不能太好。不久，好时公司研发出了满足洛根上校要求的巧克力，并开始批量生产。1943 年，美国军方与好时公司洽谈，开发出了一款新型的口味更好的巧克力，命名为“热带巧克力”（Tropical Bar）。这款巧克力耐高温，在 48℃的环境下放一小时都不会融化。并且热量高，3 包 4 盎司的巧克力就可以满足士兵一天的热量需求。热带巧克力作为美军的标准口粮之一用在了越南战争和朝鲜战争中，并在 1971 年 7 月搭载阿波罗 15 号，被人们所熟知。后来在海湾战争期间，好时公司又开发出了一款耐热性超过 60℃的“沙漠巧克力”（Desert Bar），供美国军方使用。

巧克力的类型在这里不能一一穷尽，目前多种多样的口味和用途的巧克力都有在市场上销售，其中的美味和奥妙就留待读者们自己探索和发现吧！

第六站

巧克力新大陆

你知道你想要做什么，对吧？
去咬一口巧克力。
（给我妈妈的巧克力的赞美诗）
——《巧克力，巧克力》瑞莎·阿汉默德（12岁）

新大陆，是如此让人向往！贵族都抛在脑后，繁文缛节自然也不需要再考虑。虽然美国早期工业化的现实并不像这样的口号具有煽动性，但巧克力确实走下神坛，从贵族的餐桌来到普通人的家庭中。这样的变迁从欧洲工业革命时期就开始了，但似乎还有些迈不开脚步，新大陆提供了一个开始充分施展拳脚的场所。来到新大陆的巧克力终于实现了平民化，成为大众食品。随着历史不断推进，我们都熟悉的 M&M'S 巧克力豆和好时巧克力都粉墨登场了，让我们一起走进巧克力新大陆。

6.1 让巧克力生产者也能吃到巧克力

从瑞士出发，我们再次跨越大洋，来到彼岸，追溯巧克力产业从 18 世纪末欧洲至 20 世纪初美国的转变，看看巧克力如何从欧洲皇宫独有的奢侈品变身为美国的大众消费品。

英国人在 1655 年开始进口巧克力。他们也用鸡蛋、葡萄酒或巧克力热饮来代替水。与法国的情况一样，英国的巧克力也是一种时尚热饮，直到18世纪末，只有贵族、富翁、神职人员等有钱有地位的人才能买得起巧克力。当时，如果要买500克的巧克力，就要用上一般工人五天的薪水。

那么，巧克力是怎样纡尊降贵，变成平民的食品呢？法国大革命、工业与科学革命都是重要的贡献因素。（见图6.1）

1789年，法国大革命开始，动乱四起，持续二十五年之久。法国大革命非常激进，意识形态上摧毁了君主体系。1815年，拿破仑时代结束后，革命的理想传遍全欧洲。法国大革命结束了欧洲天主教贵族的统治，很多本来只属于贵族的奢侈品被平民化。当然，

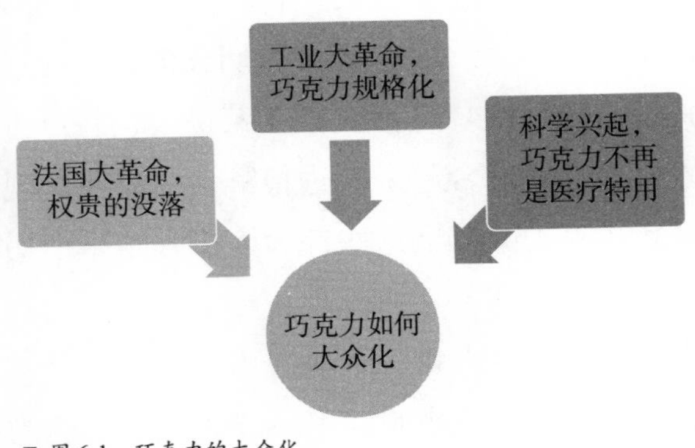

■ 图6.1 巧克力的大众化

巧克力也不例外。谁都能吃巧克力，巧克力的消费市场也顺利扩张。

宗教在推广巧克力中也起了作用。英国的教友派教徒里面有一些大家族在国内开办工厂，如吉百利家族在伯明翰市建立模范工厂。这些家族通过教友派提倡穷人家庭应该以巧克力饮料代替松子酒，不仅对身体好，还可以节省医疗开支，避免酗酒的恶果。后来，教友派与传统教会因为宗教的不同了解发生严重冲突，大批教徒从欧洲搬迁到美国，大部分聚集在纽约西面宾夕法尼亚州。其中一位教友便是米尔顿 • 好时先生（Milton Hershey），他在宾夕法尼亚州开办工厂，这就是美国家喻户晓的巧克力龙头企业。

19 世纪的工业革命使巧克力产业发生翻天覆地的改变。巧克力越来越多样化，也吸引了更多消费者。1828 年，荷兰人范 • 豪登把可可脂分离，碾碎可可块后得到可可粉。1847 年，英国弗莱伊公司将可可粉和糖加入可可脂，混合起来倒进模具，变成我们现在看到的块状巧克力。以上这些都大大提升了生产巧克力的效率。

从消费者角度来看，之前的巧克力并不是一种甜食，而更多地承担药物的作用。17 世纪，巧克力初次踏入欧洲，多数人把巧克力当成罕见物质。为什么会有这样的想法呢？ 这就要归咎于采购巧克力的方法了。那时候，巧克力是从中美洲遥远的国度引入欧洲，是攀山涉水才能带回来的稀有物品，并无意成为药物，更是当时贵族急切想得到的东西。这样辛辛苦苦才能采掘的贵重资源，普通人并不能得到。作为药品，更需要经过药剂师规定剂量，由医生开药方才能尝得到。

这种影响力也来自四体液学说（Humorism）。四体液学说起源于古希腊，由希波克拉底和盖伦（Galen）加以论述，至 1630 年对西医仍有重大影响。根据四体液学说，人体有四种液体：血液、黏液、黄胆汁和黑胆汁。这四种液体各代表着火、土、水和风四大自然元素。它们还代表着四种性格。身体健康的时候，四种液体保持平衡。如果体内任何一种液体失衡就会生病。人们相信巧克力存在着冷热皆宜的特征，所以可用于医疗。

在关于古代奇迹的网站上我们看到下面与巧克力有关的故事。1671 年，有位法国作家塞维尼夫人（Madame de Sévigné）多次在书信中提到巧克力。她告诫怀孕的女儿怀孕时千万不要吃太多巧克力：

你对巧克力有什么好说的？难道你不害怕它会燃烧你的血液吗？假如它在你身上的良好影响掩盖了它的恶性影响，那你怎么办？你的医生是怎么说的呢？亲爱的孩子，在你这样脆弱的状态下，我怕你会受不必要的痛苦，我需要你答应我不要喝巧克力。你知道我曾经爱上巧克力，我觉得它的确让我燃烧。但是，我听过很多关于巧克力的可怕故事。马圭斯·科隆去年怀孕的时候喝巧克力喝多了，以致生下来的孩子黑得像魔鬼，而且生下来不久就夭折了。

到19世纪，盖伦的体液和性情理论逐步被现代医学取代。人们逐渐不相信巧克力有超乎寻常的医疗功效，随之巧克力也得以解放，任何人都能随时随地食用，不用担心对身体的影响（见图6.2）。1914年，第一次世界大战期间，美国军队还把巧克力作为保健食品，送给士兵们以恢复体能和精神。

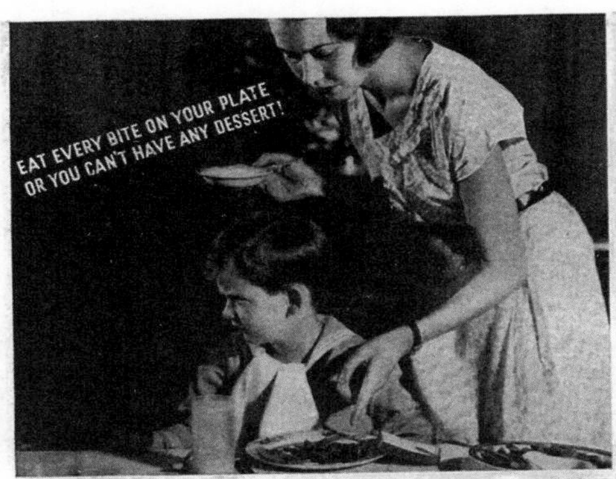

Why threaten, beg, bribe, coax, scold?

End this everlasting daily squabble by discovering the cause of poor appetite.......

Spare yourself a daily battle at the table. You may find the cause of your child's lack of appetite can easily be corrected.

The trouble with many children is that they need more Vitamin B. This is the appetite-stimulating factor.

Children who do not get enough are likely to push their plates aside, to dawdle over their meals. They are usually irritable and hard to manage.

Many of them lose weight because they do not eat enough. No wonder mothers coax and scold!

Don't wait until your child grows weak and under-nourished. Make sure now that he receives plenty of Vitamin B. With his meals every day, or when he comes home from school, give him a glass of Chocolate Vitavose!

Chocolate Vitavose is a delicious new food drink. It supplies an abundance of the important factor which stimulates appetite.

Children get as much Vitamin B from three heaping teaspoonfuls of Chocolate Vitavose as they do from a *whole quart* of milk.

In addition, Chocolate Vitavose provides them with food iron and other valuable building-up elements.

Best of all, children like Chocolate Vitavose. It makes milk taste so good!

Instead of begging your child to eat, have him drink Chocolate Vitavose regularly. Begin today. Just see if his appetite doesn't improve!

Grown-ups will also benefit from drinking Chocolate Vitavose. Ask for it at any reliable drug store.

IT DOES SO MUCH MORE THAN FLAVOR MILK . . . . !

Unlike chocolate preparations which merely flavor milk, Chocolate Vitavose adds to milk important building-up factors. Why not let your child benefit from them? Give him Chocolate Vitavose instead of ordinary chocolate milk drinks. It's so much better for the children.

Produced, tested, and guaranteed by E. R. Squibb & Sons, manufacturing chemists to the medical profession since 1858

■ 图 6.2 1932 年施贵宝公司（Squibb & Sons）的广告，宣传巧克力为有益于小朋友的饮品。（图片来源：维基百科）

6.2 糖衣不仅裹炮弹

巧克力非常多样性，随着消费市场迁移和消费者不断改变口味，巧克力生产商不断革新进步，把制造巧克力的艺术推上高峰。为了迎合消费者的口味，巧克力制造商会怎样改变巧克力呢？

佛雷斯特·玛氏（Forest Mars，Sr.）本来和父亲共同管理糖果制造的家族企业，在1923年推出银河糖果棒（Milky Way），这种产品到现在也有销售。1932年，父子因为在玛氏进军欧洲时有不一样的看法，分道扬镳，但玛氏借机扩张到欧洲。

有这样一个传说。玛氏去欧洲的时候正逢西班牙内战，他在这时候刚好碰见正在战斗的英军，看到他们手里拿着当时非常受欢迎的聪明豆（Smarties）糖果，得知聪明豆糖果是带着硬壳的巧克力糖果。士兵们因为觉得聪明豆跟其他巧克力糖果相比，吃起来不会弄脏手，所以特别钟情这种豆糖果，甚至还会带上战场。

后来，玛氏回到美国开创自己的公司。1940年，

■ 图 6.3　M&M'S 巧克力豆（图片来源：Unsplash）

他与布鲁斯·穆里（Bruce Murrie）建立合作关系。这位穆里先生便是 M&M'S 里面另外一个"M"，他也是好时公司管理者威廉·穆里（William Murrie）的儿子。玛氏预计到市场会受到"二战"的影响，巧克力和糖的供应会短缺，因此希望通过合作得到稳定的供应。作为回报，布鲁斯·穆里得到 M&M'S 产品 20% 的股份。1941 年，两人正式获得 M&M'S 糖果的专利。

M&M'S 产品一经推出就非常成功。一颗颗圆形糖果，色彩缤纷，除了让使用者看着精神为之一振，还更方便食用。M&M'S 吃下去的口感特殊，糖果的外衣脆脆的，咬下去的时候和软软的巧克力酱形成强烈对比。最重要的是 M&M'S 的糖衣形成巧克力芯的保护层，巧克力拿在手里不会融化，放入口中很快就融化，解决了巧克力随身携带会融化的问题。公司推出"只融在口，不融在手"（Melts in your mouth，not in your hand）的广告宣传，实在是名不虚传。

最初 M&M'S 采用圆柱形直桶包装，比起传统块状方便携带（见图 6.3）。"二战"的时候，M&M'S 被选为美国军方指定的军用零食，极受美国大兵欢迎。这令民间的 M&M'S 供不应求，因为拥有 M&M'S 的人往往是军人，所以在民间出现了食用 M&M'S 以表现爱国的现象。

"二战"结束后，M&M'S 巧克力跟着美军凯旋，玛氏公司乘胜追击，推出花生牛奶巧克力，促进销量持续增长。有一点很讽刺，玛氏自己其实是对花生过敏的。玛氏非常明白消费市场，不断推出上口的标语和广告，让人印象深刻。在电视还没有完全普及的时候，玛氏已经投放电视广告，宣传花生巧克力豆，说"捧在手心里不会融化的巧克力，现在有了花生夹心口味的新品”。更广为人知的是 M&M’S 两兄弟，一红一黄，是结合了原版巧克力豆和花生巧克力豆的动漫形象，具有很高的辨识度，难怪 M&M’S 能成为那么成功的零食供应商。

6.3 好时巧克力镇

1857 年，弥尔顿 • 好时（Milton Snavely Hershey）生于宾夕法尼亚州中南部。小时候，好时先生家里比较贫穷，居无定所，在他八年义务教育期就曾更换了七所学校。好时 14 岁时，到兰卡斯特的糖果店当学徒。在这四年里面，他学习到各种糖果制造的方法，并从此与甜食结下不解之缘。

好时 19 岁学成后，自立门户，经历过几次创业的失败。但好时从没有气馁，回到兰卡斯特创立了兰卡斯特焦糖公司，专门制造用鲜奶做的焦糖。刚好有一位英国糖果进口商希望进口美国当地的糖果，好时先生接了这份订单，并从银行融资购买大型机器。

1893 年，好时先生到芝加哥参加世界博览会，买了一台制造巧克力衣的机器，为他的焦糖糖果裹上巧克力衣。这个时候巧克力在欧洲是奢侈品，好时的巧克力衣焦糖糖果格外受欢迎。好时还努力探索牛奶巧克力配方，终于在 1900 年推出排块牛奶巧克力。1907 年，他首创“好时之吻”（见图 6.4），风靡全球。好时在 1900 年将焦糖公司卖给竞争者，专注开拓牛奶巧克力市场。

好时巧克力供不应求。好时利用卖掉焦糖生意的收益买下位于宾夕法尼亚州德里郡的农场，开建自己

■ 图 6.4　好时之吻（图片来源：Unsplash）

的巧克力工厂。那时候，好时的工厂是全世界规模最大的巧克力制造商。为了方便员工和运输巧克力，好时以巧克力和可可制造厂为中心，开始参与规划小镇的周边设施，建造工人住宅和可可屋，这个城镇也就被命名为“好时镇”。在事业有成后，他想到自己童年时缺乏良好的教育，就同时建立了米尔顿·好时工业学校。

1908 年，好时成立巧克力公司，1927 年重组后在纽约上市。公司不断创建新的产品线并扩大市场。

好时镇对于当时的居民来说特别重要。除了提供工作机会之外，还提供了基础设施，例如马路、下水道、公共区域，包括社区中心、酒店、高中和运动场，可以说是跟镇民的生活密不可分。

好时镇的巧克力工厂设计前卫，完全采用机械化生产，利用传送带无缝对接众多的生产机器，形成强大的生产流水线。

第七站

再出发——第三波巧克力浪潮

饕餮美味
真理之选
——《巧克力》爱德华·路易斯

巧克力在漫长的发展历史过程中，共经历了三次浪潮，现在甚至出现了以物联网为特征的第四次浪潮。与啤酒类似，巧克力也经历了风水轮流转的时空倒转。在经历了工业革命的洗礼之后，巧克力成为人人可以享用的机器大工业产品，但在满足了温饱之后，人们似乎又开始怀念那原生态的年代，其实“味道为王”是真理，再加上健康生活的理念，这一切足以支撑一次新的巧克力革命。第三次浪潮正方兴未艾，第四次浪潮已经悄悄来临，互动型消费已经开始翻转生产者与消费者的定位，两者界限的模糊也带来一波又一波令人惊喜的巧克力创新。

7.1 第三波浪潮已经来到

最初，玛雅印第安人在中美洲种植了可可树，哥伦布把可可豆带回欧洲，这也是可可第一次进入文明世界，从此以后，巧克力开启了在欧洲的征程，从原始粗糙苦涩的“神赐之水”到欧洲人调配的甜香饮料巧克力，巧克力凭借其独特的口味、高贵地位的象征而在整个欧洲盛行。这是第一波巧克力浪潮。

19 世纪时，欧洲工业革命成就了世界上第一块固体巧克力，标志了第二波巧克力浪潮的开始。随后，巧克力传入美国，20 世纪初被称为是巧克力大爆炸的黄金时代，不同的巧克力品牌在市场上层出不穷，并且出现了规模庞大的巧克力工厂，由此推进了巧克力的大众化。

“二战”后期，随着经济形势的变化、人们消费心理的变化以及可可豆的产量变化，巧克力开始以一种“小众化”“工匠化”的特征开启了后第二波浪潮。其出现的原因有很多，但无外乎是由供给和需求两个方面导致的。首先是因为全球可可豆产量减少，而严重的工厂化倾向也使巧克力品质下降。

2000 年前后，伴随着消费升级，人们的品位和审美要求不断提高，也更加重视健康和营养，这就为行业创新提供了新的动力，出现“从可可豆到巧克力”（Bean-to-bar）甚至是“从可可树到巧克力”（Tree-to-bar）的第三波浪潮。在这次新浪潮中，巧克力制作者甚至参与可可树的种植以及可可豆的发酵与烘炒过程，绕过半成品供应商，以工匠精神来制作彰显可可特征的巧克力。可以说，“从可可豆到巧克力”实际是一种全产业链模式，包含了有机可可豆的生产与可可经济的可持续性问题、单源豆选择与手工制作流程、消费过程中的口味配对等环节，其参与者也表现出跨界特点，并逐渐开始形成一定的行业规模。

可可只能生长在热带地区，且种植范围不超过南北纬 20 度。一般而言，欧美可可豆市场中间贸易商的普遍收购价为每吨 1 200 美元，质量较好的可可豆则会以每吨 5 000 美元至 14 000 美元的价格售出。即便如此，可可豆也还是面临全球供应紧缺的问题。

事实上，《每日邮报》中一篇名为“巧克力之殇”的报道显示，长期粗放式的种植方式使得可可生产和供给面临前所未有的压力，新兴的技术并不能使得精细化耕作成为可能。伴随着全球人口的急剧增长，全球将面临每年 10 万吨的可可豆短缺。因此，生产者开始思考如何在有限的原料下，更好地发挥出可可豆的风味，工匠化生产和精细化管理应运而生。

区分巧克力纯度的一个重要指标就是可可脂，巧克力浓醇的口感、表面的光泽以及入口即化的特质就来源于巧克力中所含的可可脂。可可脂主要分为两种，分别是天然可可脂和代可可脂，天然可可脂价格较高，口感更好，而代可可脂价格远低于天然可可脂。

在巧克力的大规模发展史上，为了抢占市场份额，各个巧克力品牌纷纷采用大规模的工厂化生产，注重巧克力的数量而非质量，为了降低成本，廉价的巧克力主要采用代可可脂作为原料。我国巧克力市场低端产品较多，多采用代可可脂，只是巧克力口味的糖果。巧克力品质的下降使得巧克力爱好者不满足于现状，他们主张用更加精细的生产方式、更加注重品质的生产过程，还原巧克力原料的风味，而这也是“第三波浪潮”兴起的重要原因。

可可豆的供给短缺从一方面导致了巧克力价格的上涨，然而更重要的是，巧克力市场也同样面临着消费升级的趋势。

观察巧克力市场可以发现，中低端巧克力品牌近年来发展疲软，作为大众巧克力品牌代表之一的好时巧克力，近年来销售量明显下滑，而中高端品牌如瑞士莲等却具有良好的发展势头，其全球销售额逐年增长。同样，消费升级在巧克力消费结构中也有所体现。低端巧克力由于使用代可可脂作为主要原料，口感与高端巧克力相差甚远，品尝体验并不令人满意。同时低端巧克力由于是大工厂生产，厂商对于可可豆的筛选过程、生产过程的要求标准都比较低，存在较大的安全健康隐患。而对于高端巧克力，人们不禁流连于它丝滑的口感，更重要的是透过精细化、工匠化的生产之后，更加注重还原原料本身的味道和质地，人们能从中获得更多的满足。不仅如此，人们的审美也在逐渐提高，“高级感”逐渐成为人们追逐的重要方面。低端巧克力的较低成本无法满足精致包装的需求，因此往往包装较为粗糙，无法满足人们对于“美”“高级”的需求和想象。而高品质巧克力的价格以及其对细节的追求，使得厂商更加注重包装营销以吸引年轻人的注意，满足人们的审美需求。

在高端巧克力市场，第三波浪潮的工坊式生产者尤为突出。相对于众多大工厂以半成品为原料，或者混杂不同源头与品质的可可豆，工坊式生产者奉行返璞归真的原则，采购高品质单源豆，控制辅料的添加，以期彰显可可豆的醇香与质感。同时，这种从产地到餐桌的生产方式也迎合了全球消费市场中的“极简”理念。中间商使得巧克力的价格水涨船高，如果能尽可能减少中间环节，使生产环节和消费环节直接对接，把更多的成本专注在精细化生产上，生产者何乐而不为呢？

总而言之，无论是供给侧还是需求侧，在步入第三波巧克力浪潮的过程中都有各自的“命中注定”，接下来就让我们看一看这波浪潮在比利时和美国产生的深刻影响。

7.2 得天独厚的比利时

作为巧克力传统赏味派的欧洲人，古朴的风味和纯粹的工匠主义是他们引以为豪的特色。面对现代工业化的“批量标准”冲击和大众追求的“华而不实”，工匠们要与两种巧克力产品发展趋势抗衡：一种是现代工厂的机器生产，为标准化、粗糙的加工；一种是注重包装，加入牛奶或其他原料，以创新为名、实为破坏巧克力原本口感的生产。

把第二波巧克力浪潮发展到极致的欧洲沉淀出了两套充满自身优势的应对方法：一是坚持手工作坊，用精细的工匠智慧来还原最纯粹的平民口味；二是通过极致化的工艺和配方，用欧洲传统贵族式的奢侈来引导巧克力走高端路线。而这两套方案，在巧克力之都比利时有着淋漓尽致的体现。

巴里·卡勒博公司生产的巧克力口感独特，细腻润滑，是因为这家公司掌握了超细可可粉生产工艺。如今这个配方已经属于超级商业机密，也是公司长久以来从作坊式经营中汲取的智慧。不同于大机器生产的工艺创新，这种超细可可粉生产工艺大多数取决于匠人的手艺，具有极高的不可替代性。我们也可以说这是一种神奇的民间智慧，它顽固地把控着巧克力王国的生产秩序，也严格地保留了那种传统的风味。但这绝不是故步自封，在坚持精细的工匠技术生产基础上，卡勒博公司为了迎合健康饮食的潮流，也不断地努力创新，将传统的巧克力风味和现代文化发展理念相结合。巴里·卡勒博公司先后研发出了众多健康产品，让担心肥胖的食客不再拒绝巧克力。

1995 年，拥有“世界甜点冠军”头衔的皮埃尔·马科利尼创立了以自己名字命名的比利时高级定制巧克力品牌。他凭借自己追求极致的工匠之心，投身于钻研高端巧克力的制作工艺，是比利时传统与第三波巧克力浪潮相结合的典范。他最大的特色就是对原材料的无限热情，始终秉持着“从可可豆到巧克力”的理念，选豆、烘炒、研磨、调温、倒模等层层关卡直到完成包装，统统一手包办。从可可豆的严谨挑选，到可可含量的精准考量，再到辅料的创新调和，他都要亲力亲为，直到一块闪闪发亮的定制化巧克力诞生在世人面前。在最直观的形态上，他制作的巧克力更薄、更小也显得更精致。为了说明极致的程度，他在一次采访中表示："我们的可可豆研磨后可以细到 15 微米，而大众化巧克力一般是 25 微米。选的配料，比如香草，是最好的马达加斯加香草，价格是 300 欧元一公斤。很多巧克力品牌使用的是 15 欧元一公斤的香草粉。"在最终的产品售价上，他的巧克力要比歌帝梵高出 10% 左右。

高昂的售价背后当然是不凡的成本，马科利尼每年需要消耗数百吨可可豆，他本人会在 4 月和 10 月这两个可可豆收获季去往非洲、南美等主要的可可豆产区采购优质可可豆。在采购成本上，这个品牌也与大众化品牌相去甚远。欧美可可豆市场的中间贸易商普遍收购价为 1 200 美元 / 吨，而马科利尼则会用每吨 5 000 ～ 14 000 美元的价格向种植者收购最好的可可豆。这样做除了是想要拿到最好的可可豆，更是为了扶植可可豆种植业，改变目前供不应求的状态。"如果价格低于 2 500 美元一吨，种植者是没有利润的，他们也就不想再继续种植了。"

目前全球范围内的可可豆其实是供不应求的，面临着原材料的大幅度涨价，第二波巧克力浪潮中的大规模工业化生产模式也许就不再适用，取而代之的应当是第三波浪潮中的精细化、工匠化生产。马科利尼作为这个浪潮的前沿实践者，也证明了这个趋势的可行性和必要性，在恪守巧克力本质口味和传统工艺的基础上，用高端化原材料和定制化制作方式来拓展巧克力的价值链，或许是巧克力发展困局的出路之一。

7.3 跨界创新的美国

20 世纪 90 年代是属于美国巧克力的时代，因为美国是第三波巧克力浪潮的中心。

其实最早提出第三波浪潮理念的是法国巧克力原料商法芙娜（Valrhona）。早在 20 世纪 80、90 年代，法芙娜就把产地与年份的概念引入巧克力行业，并让消费者与生产者一样注意到可可豆的源头问题。也是在这样的原料商推动下，欧、美、日相继出现了一批从可可豆到巧克力的品牌，开第三波巧克力浪潮之先河。目前全球已经有 400 多个相关品牌，其中美国的著名品牌就有蒲公英（Dandelion）、沙芬贝格

（Scharffen Berger）、特乔（Tcho）、伍德布劳克巧克力（Woodblock Chocolate）、迪克泰勒手工巧克力（Dick Taylor Craft Chocolate）、阿斯克努斯（Askinosie Chocolate）和迪欧（Theo）等。旧金山市是第三波巧克力浪潮的摇篮，也是最著名的蒲公英巧克力的诞生地。

科比·库默在《巧克力制作大创新》中介绍了旧金山的特乔（Tcho）巧克力。特乔是位于旧金山的一个年轻、大型、科技感满满的巧克力品牌。公司创立者并没有花大力气在赤道附近寻找上好的巧克力豆，它的做法是前所未有的：在种植地建起了样本实验室，为可可种植工人提供用自己的原料做巧克力的工具。当然，他们此举的目的是希望种植户通过这个过程能发酵出符合公司标准的可可豆，并制作出令消费者满意的可可浆。为了提高可可浆品质，特乔公司也花费了多年时间确定了一套评估级别，并为每个种植园实验室配备了计算机和加工组件。种植户只要向这个加工组件输入各种数据，经过长时间稳定、低热的搅拌后，就可以生产出“完全柔滑的、欧洲风味的巧克力浆”。当然，这些可可浆样品还需要寄给特乔的试吃小组，由他们来确定最终的产品。

与旧金山同处美国西海岸的西雅图，也成为第三波浪潮的重要中心之一。从 2008 年开始，西雅图开始举办全球闻名的巧克力盛会——西北巧克力节（Northwest Chocolate Festival）。每年会有成千上万的巧克力粉丝和巧克力匠来到西雅图，品尝来自世界各地的单源豆巧克力，与同行或同好交流，也使得这一节日庆典成为涵盖巧克力行业全产业链的全球交流平台。西雅图也诞生了迪欧（Theo）、芙兰巧克力（Fran's Chocolate）等一系列具有特色的从可可豆到巧克力的品牌。

迪欧（Theo Chocolates）北美第一家有机巧克力和公平贸易认证的巧克力生产商。迪欧的创始人乔·惠尼于 1994 年率先向美国供应有机可可豆。他在中美洲和非洲的热带地区旅行和工作，爱上了那里的土地和农民。他意识到这两者都受到了剥削，因此想做点什么来改变现状。在接下来的十年里，乔不知疲倦地在美国推广有机可可豆，并为种植这些可可豆的人们推广公平贸易（Fair Trade）。他与农民团体建立了持久的关系和深厚的信任。与此同时，他一直致力于有朝一日自己制作巧克力，并与全世界分享他的热情。

2005 年，乔和另外一位联合创始人花费两年时间创造出了迪欧品牌，并建立起了现在的巧克力工厂。2006 年，迪欧推出了北美首款“有机巧克力”。紧邻著名的华盛顿大学，坐落于西雅图市的艺术区，浓厚的艺术气息和浪漫优雅的城市气质孕育着这家“北美第一家有机巧克力工厂”。在这里，游览者可以经历一场有趣的巧克力之旅：工厂里的讲解员会带领参观者从可可豆的种植和生长开始，一步步了解巧克力成型的每个步骤，同时也会品尝各种口味、类型的巧克力产品。

迪欧认为，巧克力不仅仅是一个产品，更是一个从可可豆到巧克力的旅程。这也是创始人建立巧克力工厂的初衷之一。更重要的是，这家公司作为北美第一家销售“公平交易”的有机巧克力工厂，它只向带有公平交易认证的可可贸易商购买原材料，这些可可商必须为可可豆的种植者提供公平合理的收益，从而避免了底层的生产者和童工被剥削的不公平现象。品牌不仅热衷于传播具有文化底蕴、系统的巧克力知识，也在创造利润的同时，关注道德与社会责任。

迪欧的商业模式是第三波巧克力浪潮下催生的集巧克力生产、消费、教育、休闲于一体，线下线上相结合的新兴工坊。迪欧拥有种类多样的巧克力产品，包括巧克力棒、巧克力饼干、巧克力糖果、包装精美的礼品巧克力等。口味也非常多元，除了传统的黑巧克力外，迪欧还有针对海盐口味爱好者和素食主义者的特定产品。迪欧的商品品类丰富、多元，且价格适中，所有巧克力的均价在3.99美元左右，能够满足大部分巧克力消费者的需求。

7.4 口味先行的新浪潮

正如上文所述，第二波浪潮给消费者带来了块状巧克力，并推出了巧克力与牛奶的完美结合。但是，随后的工业化浪潮在使巧克力平民化的过程中，也在一定程度上降低了巧克力的品质，甚至使代可可脂成为巧克力产品的成分。随着消费升级，越来越多的巧克力购买者开始有意识地避开不健康的巧克力，选择更加健康的巧克力产品，而第三波巧克力浪潮也使得各式各样的零添加或少添加巧克力出现，以黑巧克力为代表，让消费者真正体会到巧克力的原汁原味。

巧克力是风味浓郁、个性复杂而有层次的食物，在品鉴时要注意到口味的平衡度、质感的细滑度、味道的浓郁度、表面的光亮度以及后味的悠长度等方面。专业巧克力品鉴师要经过长时间的训练，而一般消费者也可以在了解基本知识后懂得如何挑选优质巧克力。暂且列举一下专业品鉴标准以飨读者：

（1）来自可可豆自身的基因性质而具有的涩味和苦味；

（2）收割后的处理方式所带来的味道，例如发酵过程产生的果香、酒味、酸或甜味；

（3）通过对可可豆的烘炒时间、温度和精磨精细度的把控而产生的烘炒味、坚果味、甜味、乳香、泥土味、花香或其他香料味；

（4）添加的牛奶固形物、糖、香料的甜润或辛辣等味道。

实际食用过程中，建议读者还是选择可可含量更高的黑巧克力，避免在食用巧克力型糖果时摄入过多的糖类、脂肪及食品添加剂，对身体造成额外的负担。

那么在实际购买时，应该坚持购买 100% 纯度的巧克力吗？确实，纯度越高的巧克力，相应的糖含量也越低。同时，随着糖分降低，巧克力也会越来越苦。对于接触黑巧克力较少的朋友而言，可能一时间难以接受。实际购买时，还是建议从低浓度开始尝试，寻找最适合自己口味的巧克力。关注自己身体健康，避免摄入过多的糖，也能充分享受食用巧克力的乐趣。

还有，如何分辨巧克力中是否使用代可可脂？

我们在购买巧克力时，要记得查看配料表里的内容。如果利用纯可可脂制成的巧克力，一定会在配方中出现“可可脂”。而代可可脂含量超过 5% 后，则需要在产品名与配方表中标出，可以由此进行筛选。此外，对于含量未超过 5%，因此无须标出的巧克力，则可以查看配料中是否包括植物脂（Vegetable fat）、氢化植物油（Partially hydrogenated vegetable oils）、精炼植物油（Refined vegetable fat）等，从而进行区分。

与代可可脂不同，纯正可可脂价格往往非常昂贵，每 500 克超过 50 元，高于食用油的价格。而纯正的黑巧克力，经过营养学家的评估其实对人体健康非常有益。

虽然黑巧克力包含了多种对人体有益的成分，但并不意味我们可以超量食用黑巧克力。在黑巧克力包装上常常会标明可可含量，同时也意味着剩余含量部分有大量的糖。如果过量摄入糖，对人体也会造成额外的负担。

同时，食用黑巧克力的方式也非常重要。很多人喜欢与牛奶一同食用黑巧克力，但研究表明，牛奶会减弱身体吸收抗氧化剂的能力，从而影响可可脂发挥其功效。

那么黑巧克力包装上标明的百分比，比如 70%，究竟是什么意思呢？

在巧克力包装上标明的数字，一般代表着该款黑巧克力的可可含量。通过看产品背面的配料表，可以更加深入地理解。例如，cocoa 80% minimum，即代表可可含量最少是 80%。除此之外，更加完整的标注中，甚至会标出可可脂含量。例如，cocoa butter 15% min，即代表可可脂含量不少于 15%。在购买前细心观察，就可以对巧克力的不同含量有更加深入的了解。市场上标明的 100% 黑巧克力，也并不意味着产品全部由可可制成，只能说其纯度接近 100%。

第八站

巧克力进入中国

巧克力，巧克力
不要姗姗来迟
你是如此迷人
我不再迟疑
——《巧克力，巧克力》西尔维娅·史迪

在第三波巧克力浪潮席卷全世界的同时，这种黑色小巧的神秘舶来品也在悄悄地席卷中国大地。从最早的康熙时代初尝巧克力，到各大外资品牌在抢占市场的战斗中各显其能、中资品牌由盛转衰，再到如今的第三波巧克力浪潮应运而生，中国虽然不是巧克力的家乡，但却一直是巧克力的重要市场。中国的巧克力市场在经历了多年的发掘之后，仍然具有巨大的空间。中国市场经历了消费升级后，不但高端产品拥有了更多的青睐者，健康的理念也占据了消费的主导地位，第三波浪潮也开始初露端倪。中国的巧克力企业已经到了总结成功与失败经验，做出创新和改变的时刻。

正如上一站所言，在中国，巧克力与糖果的界限一直不甚清晰，这一现象不仅是由国人的口味导致，更是源于一百多年来巧克力进入中国的历程。接下来，就让我们一同回忆巧克力进入中国之路，看看如今的中国巧克力市场正发生怎样的变化。

8.1 从绰科拉、炒扣来到朱古力

巧克力在中国的传播经历了几次不同的译名。其原名 chocolate 有过至少三种不同的译名：绰科拉、炒扣来和朱古力。

据记载，最早出现 chocolate 译名的中国文献，是康熙的《康熙朝满文朱批奏折全译》。奏折中将其译为“绰科拉”。

1866 年，张德彝则在《航海述奇》中使用了“炒扣来”的译名。

自 19 世纪 20 年代起，中国人逐渐开始使用“朱古力”的译名，并且很长一段时间内一直沿用这个翻译。

康熙在 1706 年 7 月 2 日，曾下令时任武英殿总监造的赫世亨向新来的意大利多罗主教索取西药“得利雅噶”。这并不知是何物，据猜测可能是一种名贵的西药。并谓“若少则勿取，可捎信至广东后寻得寄来，若有绰科拉亦求取”。多罗的确将这两种东西都给了赫世亨，但在赫世亨给康熙的回复中，关于“绰科拉”是这样说的：

> 至绰科拉药方，问宝忠义（宫廷里的西洋大夫），言属热，味甜苦，产自阿美利加、吕宋等地，共以八种配制而成，其中肉桂、秦艽、白糖等三味在中国，其余噶高、瓦尼利雅、阿尼斯、阿觉特、墨噶举车等五种不在此……将此倒入煮白糖水之铜或银罐内，以黄杨木碾子搅和而饮。

康熙追问：药效是什么？赫世亨只好解释道：这不是药，在阿美利加那个地方，人们拿来当茶喝，“老者、胃虚者、腹有寒气者、泻肚者、胃结食者，均应饮用，助胃消食，大有裨益”。不过当时的康熙对这样的“药效”并不感兴趣——就连老百姓家的大碗茶都是“消食又提神”，这样的功效实在太过一般。

当时由于传教士送来的药治好了疟疾，所以康熙对西方的这些药更加关注的是药效。在得知绰科拉的药效似乎也就跟喝茶差不多后，他一下子没了兴致。巧克力便这样停止了进入中国的脚步。在康熙首次接触巧克力的近六十年后，巧克力才传入北美，并被视为一款健康饮品。

虽然巧克力传入我国的时间相对较早，但是其在中国落地生根、走进大众的视野却是很久以后的事情。近代中国没有一部研究巧克力的专著，但我们还是能从浩如烟海的文学作品中发现巧克力的身影。

清同治五年（公元 1866 年），这是中外关系史上具有重要意义的一年。张德彝被清政府委派参加中国第一次出国考察团，随团游历了法国、英国、比利时、荷兰、汉堡、丹麦、瑞典、芬兰、俄国、普鲁士等十个国家，饱览世界风情。

在第一次回国后，他便写出《航海述奇》，详细记载他的观察见闻。他自然不知道先前康熙和赫世亨所提到过的“绰科拉”，而是将其译为“炒扣来”：“面包片二大盘，黄奶油三小盘，细盐四小罐，茶四壶，加非二壶，炒扣来一大壶……”他所见到的炒扣来，依然还是巧克力饮料的类型。

1934 年出版的我国作家林淡秋翻译的苏联的小说，书名就叫《巧克力》，原著者是罗蒂洛夫。尽管这本书写的是苏联革命时期的党员佐丁的人生经历——与作为食品的巧克力并无多大关联，但是，这个书名说明当时已经开始使用“巧克力”这个译名。

同样有趣的是发表于 1945 年《大上海周刊》上的

小说《朱古力店》，小说中的故事就发生在朱古力店内，在当时的中国，与咖啡、茶类似，巧克力作为一种受欢迎的甜点，有单独的店铺进行售卖。

1933 年在《燕大周刊》上发表的《朱古力糖匣》诗歌，通过朱古力糖匣这一具象的物体，表达了相思之苦。“抚弄着长方形的朱古力糖匣在手里，那光滑的匣面，传给我手上有她手上的触觉。”可见青年男女用巧克力表达爱慕之情，在民国时期就已十分流行（见图 8.1）。

如果说用朱古力表达相思，由朱古力出发写出许许多多的文学作品是文学家的浪漫，那么化学家更加

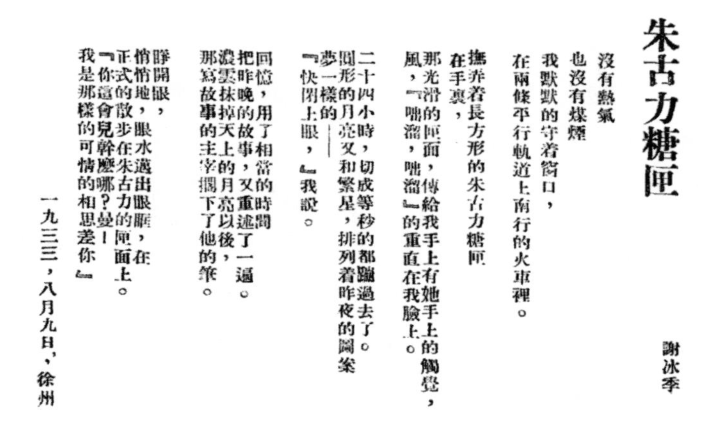

朱古力糖匣

謝冰季

沒有熱氣
也沒有煤煙
我默默的守着窗口，
在兩條平行軌道上南行的火車裡。

撫弄着長方形的朱古力糖匣
在手裏，
那光滑的匣面，傳給我手上有她手上的觸覺，
風，『嗤溜，嗤溜』的重直在我臉上。

二十四小時，切成等秒的都蹦過去了。
圓形的月亮又和繁星，排列着昨夜的圖案
夢一樣的——
『快閉上眼，』我說。

回憶，用了相當的時間
把昨晚的故事，又重述了一遍。
濃雲抹掉天上的月亮以後，
那寫故事的主宰擱下了他的筆。

睜開眼，
悄悄地，眼水滴出眼眶，在
正式的散步在朱古力的匣面上。
『你這會兒幹麼哪？曼！
我是那樣的可情的相思差你』

一九三三，八月九日，徐州

■ 图 8.1　巧克力诗歌，《燕大周刊》1933 年第 5 卷，第 1 期，15 页

关注的则是如何把这种美味制作出来。

出版于民国时期的《化学工艺制作秘典》详细地记载了巧克力的工业制作方法，谨摘录如下，以飨读者。

巧克力（chocolate）：取可可 1 000 分，与新鲜之可可油 30 分，置于铁制热擂钵中，使为液体，加研磨白糖 800 分。待其已达适当之稠度时，以乳酸铁及糖浆 60 分加入，而研合之。再加哔呢啦 40 分。取其 125 分入于模中，压之成片。

巧克力牛乳（chocolate and milk）：取巧克力糖浆 2 英两，甜牛乳适量，以冰屑置于杯中，约达其半，以糖浆加入。再以牛乳冲入使满。充分摇振后，即饮之。以起泡乳酪加上，以草管饮之。

巧克力浸液（chocolate extract）：取可可 400 分，良质之香荚豆兰 1 分，酒精 2 000 分，混合后，浸渍 15 日，榨后，放置之。取其固体，置于滤浸器中，以沸水注入而滤之，至得 575 分而止。取此滤液，置于玻瓶中栓之。俟其冷后，再加以酒精之浸液。如欲制以为糖浆者，可于加浸液以前，以糖 1 000 分加入滤液中，热而溶之。俟其冷后，再以酒精浸液加入而混合之。

原来在民国的时候制作一块巧克力也不是那么复杂，至少从这本“秘典”中看起来是这样。

书籍方面，1927 年刘纶所著的《食品化学》中，就将“chocolate”译为朱古力。1933 年，上官悟尘所著的《食物常识》中，也将其译为朱古力。

报刊方面，1933 年，孙梦人就在《男朋友》一文中提到，“朱古力糖般的甜味”，说明在当时，巧克力作为糖果已经较为普遍地进入了大家的视野。《商标公报》自 1925 年起，便在有糖果公司的注册商标时将朱古力纳入业务范围；而登上报纸的朱古力广告，最早也可追溯到 1918 年的麦瑞洋行（见图 8.2）。在其后，便是 1928 年的冠生园。由此可见，朱古力大面积地进入群众视野是在 1927 年前后。

随着西方列强将中国的通商口岸打开，巧克力随着众多西洋的“新奇物件儿”一起走进了大众生活，我们可以从当时的报纸杂志和招贴广告中看到“巧克力”的身影（见图 8.3）。

民国时期的巧克力生产者多数是来自美国或欧洲的外资或合资制造商，或是外国人在上海创立的洋行，比如“义利”，原料和设备均依赖进口，国产巧克力厂商较少。巧克力在当时已经有了丰富的产品形态，

麥瑞洋行
廣告

■ 图 8.2　民国时期的朱古力广告，《新闻报》，1918 年 5 月 1 日，第 14 版

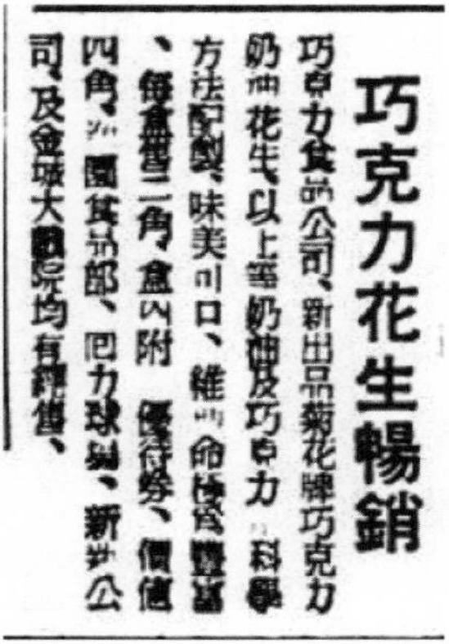

巧克力花生暢銷

■ 图 8.3　民国时期巧克力产品广告，《时报》，1939 年 2 月 4 日，第 5 版

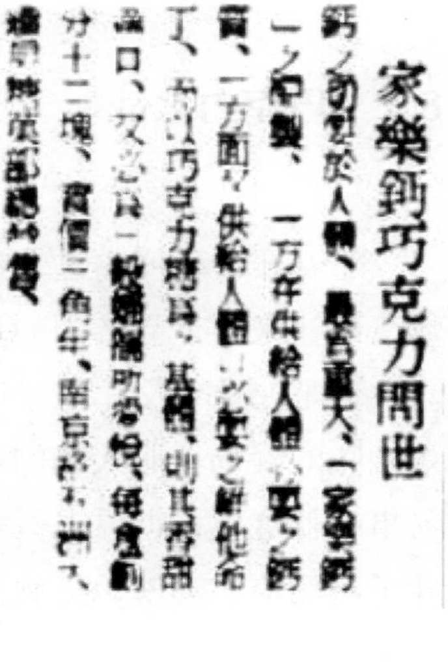

家樂鈣巧克力問世

■ 图 8.4　民国时期有关巧克力产品的广告，《时报》，1936 年 5 月 30 日，第 12 版

除了最为常见的块状巧克力，还有白巧克力、可可饮料、巧克力花生豆、巧克力糕点饼干、巧克力冰激凌。与现在巧克力的“糖果”定位不同，当时巧克力还是一种“营养食品”（见图 8.4），商家在广告和商标中强调了巧克力“富含维他命、营养丰富、滋补”等。巧克力属于高档消费品，常作为礼品馈赠，甚至部分品牌限量供应。

而中国开始自主生产巧克力是在改革开放之后。1987 年，苏州姑苏食品机械总厂制造出第一套生产巧克力的全套设备，并且凭借低价优势，市场占有率一度高达 80%。

8.2　巧克力之战

随着开放程度的进一步深入，中国这个巨大的市场已经让来自世界各国的巧克力行业领导者按捺不住了。但是在这个文化差异巨大的东方世界，让这种奇妙滋味的食物征服人们的味蕾和头脑，可不是一件容易事，就这样，世界上最大的几位巧克力“巨头”展开了一场惊心动魄，直到今天也未能落下帷幕的“巧克力之战”。

这第一重迷雾就是不知道客人的“肚量”有多大，在改革开放头十年的中国，基本的商业数据太过于缺乏，以至于任何人都难以估算中国市场的规模。这第二重迷雾就是客人的口味有点儿“怪”，巧克力芳香浓烈、热情奔放，好似一位热带的美人，可在自古以来“民以食为天”的中国可却是闻所未闻，更别提中国不同地域客人的味蕾所好更是相差十万八千里。而最后一重迷雾就是巧克力远渡重洋来到港口，但要如何抵达每位客人的口中呢？众所周知，巧克力的运输和储存要保持在温度10℃～18℃和湿度50%～70%的环境下，可是在此时的中国如何找到一条工厂—仓库—卡车—零售商店的“恒温恒湿通道”呢？

中国的巧克力市场迷雾重重，但它同时也从未有人涉猎，可以说是一块巧克力的自由“净土”，如何在这里打造出令人喜爱又经久不衰的巧克力产品，就要看各个厂家如何在这一场硝烟弥漫的巧克力大战中各显其能。

走进一家超市，最为夺目和令人流连的地方非费列罗（Ferrero Rocher）的陈列区莫属，一粒粒含着饱满榛果的巧克力球被包在金黄色的外衣里，整齐地摆

图 8.5　费列罗巧克力（图片来源：Unsplash）

在闪耀的包装盒中，再加上灯光四溢的货架，显得更加绚丽夺目。这个来自意大利的榛果威化巧克力几乎是一到中国就成为中国消费者心中最“正宗”的巧克力，一颗颗精致小巧、口味香甜的费列罗（见图 8.5）不仅仅是节日之间相互赠送的佳品，更是一个人优雅品位的象征。费列罗也正是靠着对于高品质的苛刻追求来把握住高端礼品市场。严格的品控使得每一颗费列罗从仓库到消费者手中都保持着优质和新鲜，而毫不吝惜的广告投入和较高的价格定位则使得费列罗牢牢地把握住高端消费者的心。正是对高品质的坚持使得费列罗能够在和山寨品的斗争中笑到最后，而与高品质共生的礼品特质，也带来了费列罗销售的季节性循环。为了保证产品的风味，费列罗选择急流勇退，拒绝在中国的过度扩张，这也正使其避免踏入过度扩张的诱人陷阱。直至今日它也是中国巧克力市场上那位闪耀高贵的巧克力“皇后”。

吉百利的经典广告语——“A glass and a half of milk in every half pound of milk chocolate”想必每位食客都耳熟能详，而“每 200 克牛奶巧克力包含一杯纯牛奶”更是这位来自英国的巧克力绅士的严格标准。由此吉百利选择在中国建立一个崭新的巧克力工厂，为了保证优质巧克力的生产，吉百利没有像其他厂商一样，放弃对于优质鲜奶的追求而采用奶粉，而是自己设立了鲜奶厂。但遗憾的是来自北京的牛奶并不理想，并不能和澳大利亚的巧克力结合产生最佳风味，因此未能受到广大消费者的青睐。另一方面，源源不断的工厂生产也大大超过了没有类似西方人购买习惯的中国消费者的需要，全年的生产和季节性的需求导致巧克力的存货积压，这都让吉百利在中国举步维艰。这位来自英国的严谨绅士虽然事事都亲力亲为，但是最终还是没能实现让十几亿中国人都吃到纯牛奶巧克力的雄心。

打开一个小巧的好时巧克力礼盒，金色“衣服”包裹的是牛奶巧克力，红金色的是芒果曲奇白巧，紫色的是榛仁牛奶巧克力，大红色的是黑巧，棕色的是巴旦木口味的，而蓝色的则是白巧，小巧圆滚的样子，好不俏丽可爱。和吉百利、德芙不同，好时正如其广告词所说的一样“小身材，大味道”，是一口可以吃得下的巧克力，丰富的口味、小巧的身材、多彩的外装，都使得好时成为逢年过节时糖果盒中靓丽的身影。怀旧广告不仅展现了好时的传统制造工艺和历史传统，更是对消费者的一种巧克力文化教育，相对较高的定价和美国进口的方式更把握了消费者对其品质的信任。在面对山寨品这一方面，好时公司则早有准备，其代表性产品“Kisses”的平面形象早已被注册，对于任何山寨行为都能有效打击。就这样，好时凭借着其独树一帜的外形和丰富多彩的口味获得了很多食客的喜爱，配合以专业的销售物流专家团队，很快就行销到了中国的各地，成功地征服了这个极具挑战的市场和东方朋友的味蕾。

红色包装上一只竖着大拇指的黄色鲨鱼真是可爱至极，张大嘴巴的它也如实地表现了雀巢“威化”巧克力的口感——香、脆、甜。与其他来到中国的巧克力厂商不同，雀巢选择了兼具巧克力和威化成分的巧克力产品，代可可脂的使用使得这种巧克力产品的成本也大大降低，只要一元，就可以享受一条可口的雀巢“威化”巧克力。但实际上代可可脂并不是严格意义上的巧克力，与其说雀巢“威化”和雀巢经典的“奇巧”是一种巧克力，不如说它们在本质上是一种巧克力口味的饼干，在超市，雀巢威化也被推入饼干的货架之中。虽然雀巢在中国树立起提供营养和健康的良好品牌形象，但它在巧克力方面却不是一位赢家。包裹着代可可脂的雀巢威化在商业上大为成功，成为人们日常生活中随手可及的小零食，却是巧克力外围的一种产品，对中国巧克力市场实际上影响甚微。

在美国，雀巢就拥有多条产品线进行生产，包括“亲吻”（Perugina’s Baci Chocolate）、“聪明豆”（Smarties）与“奇巧巧”等，在销售中与吉百利的牛奶巧克力、德芙巧克力同台竞争。其中，虽然奇巧巧进入中国市场的种类较少，却意外地成为了最畅销的巧克力。之后，雀巢进行了充分的本土化，并在中国各地设立多个巧克力加工厂，奇巧巧的加工就在天津进行。然而，雀巢和其他多家品牌遇到了同样的问题，消费者对产品的需求并没有达到预期的目标。然而，工厂的建立已经耗费了大量的资金，雀巢需要找到新的方法来刺激市场需求，同时降低产品生产成本。

到了1999年，雀巢全球发展实验室完成了一项耗时多年的研究，制造出利用代可可脂制成的巧克力。实验室研发的代可可脂巧克力技术可以完美地满足工业生产需求，并且由雀巢独享专利。在原来制作巧克力过程中，昂贵的可可脂被人工合成的代可可脂代替，这极大地降低了生产成本。此外，代可可脂巧克力融化温度更高，在冷藏供应链还不够完备的中国，可以大大降低巧克力的运输损耗。考虑到代可可脂巧克力的多项优势，雀巢 CEO 克鲁格在没有进行消费者调查的情况下，就立刻决定将中国奇巧巧产品线上的巧克力全部用新的代可可脂配方进行生产。

但是，迅速改变配方也存在一定问题。由于代可可脂是全新的食品配方，根据中国的标签法，如果巧克力没有包含可可脂，需要标注说明。这意味着雀巢的“奇巧”巧克力的产品说明上将会标上“代可可脂”。除此之外，代可可脂的口感也无法达到传统的可可脂巧克力同样的口感。不过，高管团队认为中国消费者对高品质的巧克力还不够熟悉，消费者应该不会明显感觉出可可脂和代可可脂之间的区别。通过使用代可可脂，雀巢迅速降低了生产成本，并利用低价战略占领了中国的低端市场。虽然之后雀巢由于公司战略原因，巧克力业务并不如咖啡业务那样出名，但在代可可脂的应用上却打开了中国巧克力的一块全新领域。

玛氏（见图 8.6）作为世界上最大的家族企业，管理的模式带有家族色彩，其产品也种类繁多，自成一家，其中家喻户晓的就是玛氏中国旗下的德芙系列巧克力、M&M'S 巧克力豆、士力架这三款产品。德芙不仅有“此刻尽享丝滑”这样深入人心的广告词，更巧妙的是，

■ 图 8.6 玛氏 M&M'S 巧克力豆（图片来源：Unsplash）

它在外来巧克力和本土巧克力的价格取中的同时，还保持了对于巧克力品质的追求，较高的性价比加之丝滑满足的体验感使它迅速俘获了消费者的心，精致可爱的心型礼盒也使得德芙成为情人之间赠礼的浪漫选择。士力架则通过独具创意的广告展现其补充能量的特长，从而在年轻人中打开销路。M&M'S 则用可爱的卡通形象俘获了一众“小皇帝”“小公主”的心，成为青少年人群的“趣味糖果”。玛氏依靠对中国消费者的耐心，不断地培养消费者的消费习惯，终于一步步走进消费者的内心，也成为巧克力大战中最大的赢家。

时至今日，在便利店和超市触手可及的巧克力几乎不出这五大厂商之手，中国人也已经接受了巧克力作为日常生活的一部分，但是这些巧克力中难寻黑巧的身影，更多的甚至只是巧克力口味的糖果和零食。

巧克力战场的战火从未熄灭，反而更加硝烟弥漫，随着第三波巧克力浪潮的到来，未来的“巧克力大战”又将何去何从呢？

8.3 金帝巧克力的成与败

国外巧克力品牌在中国市场激烈竞争之前，国产巧克力其实已经先盯上了这一片新兴的市场。海外品牌诚然高端大气，可论对国人饮食习惯的了解，又怎么比得上本土食品公司？怀着这样的信心，1990 年，伴随着中粮食品集团第一块巧克力的出现，金帝巧克力诞生了。这也是商业意义上第一块在中国生产的巧克力，标志着巧克力走进中国的新时代。

可别小看金帝巧克力——中粮金帝食品公司虽然起步晚，但其建厂时间却比吉百利和玛氏等公司在中国建厂都要早，也占据了先机，是真正开始在中国市场推广欧式巧克力的功臣。从 1991 年到 1993 年，金帝一直是中国市场的销量冠军。为了打造品牌，金帝利用了巧克力的舶来品性质，不仅采用了瑞士技术和进口材料，品牌名称、包装设计等也都给人以进口品的错觉，价格当然也不低，很多消费者都误以为它是海外品牌。金帝主要生产榛仁巧克力，在巧克力中加入坚果颗粒（见图 8.7），口感甜中带脆，非常符合国人的口味，也获得了消费者的热捧。

金帝能够迅速建立其商业地位，和它的雄厚背景是分不开的——中粮金帝食品是中粮集团旗下中国食品有限公司的子公司，可以说是背靠国有资产，拥有

■ 图 8.7　榛仁巧克力（图片来源：Pixabay）

得天独厚的优势，又抓住了巧克力初入中国市场的商机，即使面对的竞争者是五大海外知名巧克力厂商，其竞争力也不容小觑。虽然在 1995 年前后，金帝在巧克力市场上的霸主地位已经被德芙所替代，但它仍然是国内糖果企业中的佼佼者。2006 年金帝的品牌价值达到 27.81 亿元，在年销售额最佳的 2012 年更是拿下了 6 亿元的销售成绩。“金帝，只给最爱的人”这句广告词，曾经铺天盖地地出现在人们的视野中。然而今天，金帝巧克力风光不再，虽然产品仍在销售，但与当年的规模已经不可同日而语。在中国巧克力市场不断成长的同时，金帝却默默衰落，我们不禁要问：这些年，金帝发生了什么?

金帝的衰落源于中粮的市场布局调整。2012 年，中粮做出了调整决定，将旗下的各种快消品统一管理，以便以一次性费用进入卖场，节省“进门费”。这对于巧克力销售来说并非一件好事。由于主管市场销售的人员大都来自于其他部门，对巧克力市场惯例一窍不通，甚至闹出了不少笑话，例如主管人员要求将原来以箱为单位发货的巧克力改为与食用油一样，按吨发货！这一指令让巧克力经销商们啼笑皆非。

在这样不合理的管理模式下，金帝的销售额一再衰减。2016 年 1 月，中粮内部将金帝从中国食品（中粮旗下的香港上市公司）转让给旗下另一家公司——华高置业。然而令人倍感凄凉的是，华高置业接下金帝，看中的也是它在深圳工厂的土地资源，而不是巧克力产业。

2016 年 12 月，金帝巧克力品牌终于被福建“好邻居”收购。2017 年，金帝巧克力重回市场，但好邻居的战略是以婚庆市场为巧克力销售的主要市场，昔日国产巧克力“一哥”，现在也几乎只能在喜糖中现身。金帝巧克力的衰落，无疑是令人遗憾的。

经历了无数风波，金帝巧克力已经难以再起，中国市场上国产巧克力的地位也是一再跌落。其他国产巧克力品牌要想在业内立足，很难和占有相当市场份额的外资公司抗衡。更重要的是，国产巧克力在消费者心中留下的印象也不佳。我国巧克力生产工艺比较落后，多年来，大部分巧克力生产商都保留了原有的生产设备和生产工艺，并没有随时代的发展进行工艺的创新以及新设备的更换。加上我国不产可可豆，为了节省成本，国内企业生产的很多是代可可脂产品，味道甜腻，往往是口感差、档次低的代名词。因此，国产巧克力大多选择占据较低端的市场，而将高端市场留给外资品牌。

在当今的中国市场，巧克力之战仍然没有停歇，反而愈演愈烈。我国消费者的消费习惯、消费观念、饮食结构、文化体验都在不断地变化，并且变化速度还在不断加快。一些新生的国产巧克力品牌也在默默蓄力，试图打破我国消费者传统观念中巧克力归属于糖果的概念，在后第二波巧克力浪潮为主流的市场中，打造着新一代的国产巧克力。

金帝巧克力由盛转衰的经历令人唏嘘，但国产巧克力在中国市场的巧克力之战中仍然没有轻易认输。它们能否与外资品牌抗衡，成为后起之秀？新时代的巧克力之战，取胜的法宝又在何处，企业该如何掌握制胜的秘诀？答案可能需要时间来给出。

8.4 高端化与第三波浪潮在中国并行

在引入中国三百多年后的今天，巧克力正以崭新的速度在中国发展。虽然后第二波浪潮仍为中国市场主流，但第三波浪潮也悄然兴起，后第二波的高端化产品与第三波黑巧产品都开始受到关注，中国巧克力市场也在孕育着一场行业革命。

随着消费升级趋势的发展，中国的消费者对巧克力产品也有了更精细、更多元化的要求，高端的巧克力在中国市场受到了前所未有的欢迎。在中国糖果巧克力市场整体增速放缓的背景下，歌帝梵、瑞士莲等高端品牌反而逆势而上，推动了中国巧克力行业高端化潮流的发展。很多高端巧克力品牌也对中国市场十分看好，纷纷将中国市场列为扩张的重点。创立于1878年的意大利品牌闻绮（Venchi）于2019年初宣布获得400万欧元融资，之后将重点扩张中国市场。来自比利时的顶级巧克力品牌马科利尼也于2018年宣布，将投资200万欧元扩张中国市场。好时、雀巢等大众巧克力品牌也意识到了这一趋势，纷纷将旗下高端子品牌引入中国，抓紧加注中国高端市场。

高端巧克力受捧的驱动力来自于巧克力送礼功能的强化。中国消费者一向有用巧克力作为礼物进行赠送的传统，尤其是在情人节、圣诞节等特殊节日，一盒包装精美的巧克力更是人们送礼的首选。目前，礼盒装巧克力的销售额占比过半，且这一比例仍在不断上升。在巧克力送礼场景的强化下，文化消费的购买心理将推动巧克力高端化趋势的进一步发展。

以歌帝梵为例，该品牌于2009年进入中国市场，进入中国市场之初即迅速在核心城市与各大机场、商业银行、旅游网站等建立合作，抢占关键位置。歌帝梵以华丽的包装和精致的产品占领了消费者的心智，并采用新生代人气演员作为品牌代言人，打造了深入人心的高端品牌形象。经过前几年的形象建设，消费者逐渐对其“高端巧克力”这一概念广泛接受，使得歌帝梵在2015年左右迅速扩张。根据公司网站的介绍，2015年，歌帝梵在中国只有50余家店铺（见图8.8），而到2016年已经拥有超过100家店铺。野心勃勃的歌

■ 图8.8　歌帝梵店铺陈列（图片来源：维基百科）

帝梵将进一步深耕中国市场，下一步的目标是在2020年开到300家门店。

尝到高端化市场红利的不止是“血统纯正”的外资高端品牌，一些本土的品牌同样因此崛起，依靠电商渠道触及更多的消费者，并通过提升产品“颜值”和对原料的创新获得成功。其中，比较具有代表性的有“淘品牌”——魔吻（Amovo）。魔吻的特别之处在于把主要消费渠道放在线上的电商平台，目前在淘宝上已经拥有80多万的粉丝，与好时拥有的粉丝数量不相上下。魔吻代表性的产品是黑巧克力礼盒，一盒中有25粒巧克力，价格接近200元。产品的主要特点是外观精致，每一颗巧克力都有着不同的颜色、造型和口味，外盒时尚精致，很好地迎合了消费者对于巧克力“颜值”的追求。此外，魔吻在原料的使用上也别出心裁，采用纯可可脂手工制作，这同样是该品牌的一大亮点。

天猫知名巧克力品牌“驯鹿”也是借电商而兴起的一个高端实例。驯鹿由普华永道、尼尔森等知名外资企业的前骨干创立。成立之初，“驯鹿”就确定了高端手工制作的路线，以此区别于德芙等工业化量产的巧克力。“驯鹿”自己不设生产线，而是由世界级的巧克力工匠手工制作。在保证制作工艺的同时，“驯鹿”也会从源头保证巧克力的品质。根据驯鹿公司的资料显示，每一块巧克力的可可豆都采自同一地区、同一季节、同一树种，以保证口味的纯正。为迎合中国人偏咸的饮食习惯，“驯鹿”研发了海盐味巧克力。据介绍，为达到最好的口感，“驯鹿”的研发人员至少尝试了 800 ～ 900 种配方。

日本巧克力品牌则通过在产品形式与口感上的创新，借助口碑传播的形式成功地在中国中高端巧克力市场占据一席之地。最有代表性的是若翼族（Royce）生巧。若翼族经典的生巧礼盒中含有 20 块巧克力，价格在人民币 100 元左右，定位中高端市场。若翼族的成功主要源自于将“生巧”（见图 8.9）这一品类介绍给中国消费者。生巧的“生”意思为“新鲜”，以巧克力原浆、鲜奶油等为原料混合加工而成，没有经过加热程序，保质期一般只有短短的 30 天，需要冷藏保存。若翼族其实属于巧克力制品类别，但因为口感更为细腻绵软、顺滑香甜，从而被中国消费者所接受，并很快成为经典的日本旅游伴手礼。

与高端消费相应的是体验经济的兴起。与实物消费时代不同，消费者不再单纯追求性价比，他们消费

■ 图 8.9　生巧克力（图片来源：Pixabay）

的不仅仅是实体产品，也不仅仅是产品功能，而更追求消费的实感。实物消费变为情绪、情感、体验的消费，消费更注重场景化，而非单一的某件物品。

位于浙江省嘉兴市的歌斐颂（Aficion）巧克力小镇就是体验经济的一个实例。歌斐颂将巧克力和旅游相结合，让消费者于趣味之中感受巧克力文化，提高对产品的认知。巧克力小镇每年接待游客约 70 万人，让游客亲身体验巧克力的工艺、历史、知识和趣味，同时也结合产品的销售推广活动，把更多巧克力的内涵和文化传递给消费者，有效提升了产品线下动销率。

巧克力品牌 M&M'S 也在上海成立了亚洲首家 M

豆巧克力世界，打造娱乐体验式消费。该店为顾客提供包括二十二种颜色和三种口味（牛奶巧克力、花生和巴旦木）的巧克力豆产品以及多种周边商品，包括以上海和中国为主题设计的服装、厨房用具、毛绒制品等，也是体验经济提升实体消费的一个典范。

无论是推出定义为高端、高质量的新品，或是动用电商、体验式、DIY 等营销手段，目前中国巧克力业还基本处于后第二波浪潮，即产品的精致化和创意化过程，但从可可豆到巧克力的第三波浪潮生产商仍然踪影难觅，散落在北京和上海的本土实践者还是有点小众。

“巧克力星球”（PlanetChoco）由美国食品科学家和深谙中国市场的巧克力工匠于 2016 年在西雅图发起，在北京创立和运营，并以澳门为国际行业资源的管理总部。品牌通过巧克力知识咨询和培训服务、单源豆巧克力美食产品和饮品、可可脂护肤品开发以及巧克力主题文化之旅等产品线，成为中国第三波巧克力浪潮中综合商业模式的先行者。

在产品方面，“巧克力星球”延续了欧美同行的特点，直接采购单源可可生豆，参与把控加工流程。品牌还倡导食用超级健康食品可可豆和可可碎，并开发中国地方食材，调配适合受众的黑巧克力口味。另外，经营者还开发了适合糖尿病患者食用的巧克力产品，关注消费者健康，并在可可延伸品方面研发了可可脂护肤系列产品。

“巧克力星球”品牌还为同行和客户进行巧克力培训，进行巧克力和葡萄酒、巧克力和咖啡等配对品鉴，并利用巧克力特性创立企业巧克力团建服务项目。品牌力推巧克力生活方式与亲子教育，推出了巧克力冬、夏令营活动以及巧克力健康之旅等，从源头培养巧克力消费群体。

如果说“巧克力星球”是第三波浪潮中的综合商业模式的话，那“秘林小鹿”就是把“从可可豆到巧克力”甚至“从可可树到巧克力”理念运用到极致，践行专而精的工匠精神的典型代表。

从一开始做巧克力，秘林小鹿就想尽量让消费者接触到原生态与高品质食材，购买的都是得到全球专业认证的可可豆。在得到高品质原料后，小批量实验风味，不惜扔掉几百公斤不合用的可可豆。他们介入制作的每一个过程，获得合理的报价，再制定公允的产品价格。现在，公司除了使用国外各产区单源可可豆之外，还成功利用中国本土可可豆研发制作了产品，中国产区可可豆为原料的“中国姑娘”（China Girl）是秘林小鹿最令人惊喜的产品。连同其独特的可可茶等产品，秘林小鹿演绎了从可可树到巧克力，用新鲜简洁方式加工食材，保持本味的健康生产方式。

2019 年，美国西海岸的巧克力行业年会已经出现了家用自主制作巧克力的概念机。这款机器由硅谷投资人和工程师开发，基于物联网概念而产生。也正是这款“神器”的面世，让我们似乎听到了第四波巧克力浪潮的脚步声。

需要指出的是，消费者越来越重视产品的附加值。巧克力产品仅仅诉诸“好吃”这个卖点很难吸引消费者，毕竟在品目繁多的市场，好吃的产品太多，而赋予产品独一无二的文化和时代内涵，重拳打造品牌调性，才会让消费者心甘情愿埋单。巧克力是否会像咖啡或茶一样，成为日常消费品，或者作为超级食品被更多的人接纳？方兴未艾的第三波浪潮，以及初露端倪的第四波浪潮都为巧克力赋予了新的形象，巧克力这个神奇的千年食品还会给我们带来什么惊喜？让我们翘首以盼。

后　　记

至此，巧克力之旅似乎已经进入尾声，但我们学习的过程却从未结束。

“燕巧工坊”是我们共同的名字，我们是由29位来自北京大学经济学院、燕京学堂与数学学院的一年级硕士生组成的创作团队。顾名思义，这本巧克力小史是我们在燕园精心烹制的一席巧克力小宴。

烹制的过程其实并不简单，这是我们修习课程的一个结晶。如果想了解一个行业，就去从业就好，但如果想深入了解一个行业，甚至奢望能给这个行业带来些许思考与改变，了解其历史应该是一个最有效的方法。

我们就如同处于时空隧道中，穿越回千年前，在每一个重要的站点停留，与时人面对面，触摸可可与巧克力的历史。

可可树的种植开始于5 000年前的中美洲，玛雅人培育了这种神奇的树木。15世纪的航海者来到美洲，也把这一颗颗神奇的可可豆带回欧洲。18 世纪的工业革命将原先饮用的可可变成我们今天可以随时享用的块状巧克力，味道与形状的改变蕴含着深刻的经济发展含义。19 世纪的新大陆不仅延续了巧克力的工业传统，而且将巧克力变身为人人可得的平常消费品。这种平等消费观虽然扩大了市场，但也从某种程度上降低了巧克力的品质，也为后来的第三波浪潮埋下了伏笔。因此，欧美巧克力业从业者成为这一行业的最初反思者，"从可可豆到巧克力"的呼声对于消费者来说绝对是个福音。

对于中国消费者来说，巧克力并非是一个新生事物，但作为一个行业来说，巧克力行业是新生的。可是，新生行业的后发优势至今也还未显现。虽然如此，第三波巧克力浪潮促生的健康理念在像作者一样的"90后""00 后"人群中有了回应。巧克力行业不仅关乎个人健康，也因为其上游可可种植园的命运而与可持续发展息息相关。我们也因为对巧克力产业链的关注而更加具有全球化的眼光。希望我们的这本小书也同样可以给读者带来一些美味之外的思考。

在此，我们要衷心感谢"巧克力星球"联合创始人孔丽怡女士（Connie Hong）。作为国内最早践行"第三波巧克力浪潮”的领军人物，她不仅让我们对巧克力有了新的认识，也从巧克力教育角度帮助我们认识到健康管理的重要性，甚至通过身体力行让我们得见一位企业家应该拥有的基本素养。孔女士是一位有梦想，并身体力行去追求梦想的巧克力工匠。她凭着对巧克力的热情，在市场传播咨询本业外再创新业。她百忙中阅读了全书，纠正了专业术语错误，并在第七站和第八站中添加了第三波巧克力浪潮与中国巧克力行业的最新动向。她是我们的良师益友。

以下为各章节执笔人：

1.1　陈俊杰

1.2　陈俊杰

1.3　张涵远

1.4　李瑞奇

2.1　何献邦

2.2　何献邦

2.3　张浩成

3.1　周思琦

3.2　周思琦　孙硕　刘铮婷

3.3　刘铮婷　赵诗蒙

3.4　杨清承

4.1　牛泽惠　简廷庭

4.2　牛泽惠　汪泱

4.3　汪泱　郭钰洁

5.1　乐宇航　王钰潼　王泽天　陈家珊

5.2　蓝舒瑶

6.1　简廷庭

6.2　陈泽欣

6.3　陈泽欣

7.1　李欣

7.2　李润新

7.3　寇腾腾　蓝舒瑶

7.4　刘高辰　陈泽欣

8.1　陈雨竹　杨清承　俞辰捷

8.2　宋思宇　陈泽欣

8.3　袁映泉

8.4　王一晴　陈雨竹

作为指导教师，北京大学经济学院刘群艺副教授通读了全稿，统一了文字风格。在统稿的过程中，作者们付诸文字中的对巧克力的热情又时时刻刻感动着统稿人，所以部分虽然稚嫩但却真挚的文字还是保留了下来。

北京大学经济学院教学院长锁凌燕教授自项目开始就大力支持，并为本书欣然作序，还为出版争取了资助，这对作者们都是极大的鼓励！还有北京大学经济学院各位可爱的老师们，无论是做巧克力被试，还是填写调查问卷，都满怀热情如作者，让我们十分感动。同样感谢清华大学出版社顾强编辑的倾力相助！但错误纰漏还是归于我们，敬请读者指正，以鞭策我们前行。

本书出版得到北京大学经济学院的资助。

燕巧工坊

2019 年 12 月 19 日于燕园

参 考 文 献

[1] 劳伦斯·艾伦．巧克力之战 [M]. 北京：中国人民大学出版社，2013.

[2] 杜君立．甜蜜的力量——改变历史的糖 [J]. 企业观察家，2015（9）.

[3] 贝尔纳尔·迪亚斯·德尔·卡斯蒂略．征服新西班牙信史 [M]. 北京：商务印书馆，1997.

[4] 尚塔尔·考迪．巧克力鉴赏手册 [M]. 上海：上海科学技术出版社，2011.

[5] 索菲·D. 科，麦克·D. 科．巧克力：一部真正的历史 [M]. 杭州：浙江大学出版社，2017.

[6] 斯塔夫里阿诺斯．全球通史 [M]. 上海：上海社会科学院出版社，1998.

[7] 香川理馨子．你不懂巧克力：有料、有趣，还有范儿的巧克力知识百科 [M]. 南京：江苏凤凰文艺出版社，2018.

[8] 谢忠道．巧克力千年传奇 [M]. 台北：秋雨文化，2000.

[9] 芜木祐介．关于巧克力的一切 [M]. 北京：中信出版社，2019.

[10] Brenner, G. (1999). *The Emperors of Chocolate: Inside the Secret World of Hershey and Mars*, New York: Random House.

[11] Dillinger, T.(etc.) (2000). "Food of the Gods: Cure for Humanity? A Cultural History of the Medicinal and Ritual Use of Chocolate", *The Journal of Nutrition*, Vol. 130(8), pp.2057- 2072.

[12] Farrer, A.(1908). "The Swiss Chocolate Industry", *The Economic Journal*, Vol.18(69), pp.110-114.

[13] International Cocoa Organization. (2011). "Chocolate Use in Early Aztec Cultures", https://www.icco.org/faq/54-cocoa-origins/133-chocolate-use-in-early-aztec-cultures.html.

[14] Festa, J.(2014). "Sweet Guatemala: A Look At The Country's Mayan Chocolate History And Modern Experiences", https://www.thedailymeal.com/sweet-guatemala-look-country-s-mayan-chocolate-history-and-modern-experiences.

[15] Smith, C. (2000). *Cocoa and Chocolate*, New York: Routledge.